Abel Weldetinsae
Mekibib Dawit
Abebe Getahun

Genotoxicidade dos efluentes de curtumes

Abel Weldetinsae
Mekibib Dawit
Abebe Getahun

Genotoxicidade dos efluentes de curtumes

ScienciaScripts

Imprint

Any brand names and product names mentioned in this book are subject to trademark, brand or patent protection and are trademarks or registered trademarks of their respective holders. The use of brand names, product names, common names, trade names, product descriptions etc. even without a particular marking in this work is in no way to be construed to mean that such names may be regarded as unrestricted in respect of trademark and brand protection legislation and could thus be used by anyone.

Cover image: www.ingimage.com

This book is a translation from the original published under ISBN 978-3-659-97676-6.

Publisher:
Sciencia Scripts
is a trademark of
Dodo Books Indian Ocean Ltd. and OmniScriptum S.R.L publishing group

120 High Road, East Finchley, London, N2 9ED, United Kingdom
Str. Armeneasca 28/1, office 1, Chisinau MD-2012, Republic of Moldova, Europe
Printed at: see last page
ISBN: 978-620-7-75408-3

Resumo

A caraterização autêntica dos efluentes de curtumes requer a inclusão das respostas genotóxicas nos procedimentos de ensaio de toxicidade de efluentes completos. A presente investigação tenta avaliar as respostas genotóxicas em peixes, *Oreochromis niloticus, que* foram expostos *in vivo* a concentrações máximas toleráveis (MTCs) de efluente composto da fábrica de curtumes de Modjo (CMTE). Para medir a resposta de genotoxicidade como quebra de ADN, foi realizada uma eletroforese em gel de célula única (ensaio Comet) a pH >13 e a fragmentação foi medida por meio de software informático como % de ADN residual. Para medir as purinas oxidadas (locais sensíveis à FPG), foi aplicada a enzima bacteriana Formamido Pyramidine Glycolase (FPG). Além disso, foram detectadas aberrações celulares e nucleares utilizando os testes MN e NA. A indução de MN foi significativamente (P < 0,05) mais elevada nos grupos tratados em comparação com o grupo de controlo; além disso, a resposta de MN específica do tecido foi na ordem das células branquiais > eritrócitos periféricos > rim. Verificou-se que a NA aumentou significativamente (P < 0,01), quando comparada com o grupo não exposto. A NA também se ramificou em anormalidades blebbed (BL), bi-nucleadas (BN), lobbed (LB) e notched (NT). Além disso, os danos no ADN em *O.niloticus* tratados foram significativamente (P < 0,05) superiores aos dos grupos de controlo; a diferença entre tecidos foi estatisticamente significativa (P < 0,01); células hepáticas > células branquiais > células renais > eritrócitos periféricos. Além disso, foi medida uma quantidade significativa (P < 0,05) de locais sensíveis à FPG em ambos os tecidos (fígado e rim) quando comparados com o grupo de controlo. A resposta foi também mais elevada nas células hepáticas do que nas células renais. Surpreendentemente, o nível de concentração de crómio foi inferior ao limite estabelecido pela norma de poluição da Etiópia, embora tenha sido evidente uma resposta percetível de genotoxicidade em *O.niloticus*, o que implica que a abordagem convencional de monitorização de efluentes não pode, por si só, revelar os efeitos expressos a nível genético e celular. Em conclusão, os efluentes da fábrica de curtumes de Modjo revelaram uma ameaça sombria de genotoxicidade para as células periféricas dos eritrócitos, dos rins, das brânquias e do fígado e/ou para o ADN do *O.niloticus*.

Índice

Acrónimos

8-OH-dG	8-hydroxy-2' -deoxyguanosine
8-oxo-G	8-oxo-7,8-dihydro-20-deoxyguanosine
AB	Alamar Blue
AF	Application factor
ALS	Alkali labile sites
AP sites	Apurinic sites
APHA	American public health association
ASTM	American Society for Testing and Materials (ASTM)
ATP	Adenosine triphosphate
BL	blebbed
BN	binuclei
BOD	Biological oxygen demand
CAT	Catalase
CB	Coomassie Blue
CCD	Charge-coupled device
CHO-K1	Chinese hamster ovary cells
CMTE	Composite Modjo tannery effluent
$CrCl_3$	Chromium trichlorate
CT	Comet thresholds
DAPI	4, 6-diamidino-2-phenylindole
DMSO	Dimethylsulfooxide
DNA	Deoxyribonucleic acid
DPC	DNA protein crosslinks
EDTA	Ethylenediaminetetraacetic acid
EMS	Ethylene methyl sulfonate
Endo III	Endonucelase III
EPR	Electro spin resonance spectroscopy
Fapy-G	2,6-diamino-5-formamido-4-hydroxypyrimidine
FPG	Formamido pyrimidine glycolase
Gh	Guanidinohydantoin

GPx	glutathione peroxidase
GS·	Gluthione derived thyil radical
GSH	Reduced glutathione
GSSG	oxidized glutathione disulphide
GST	glutathione-s-transferase
HBSS	Hank's balanced salt solution
HCT	Head center threshold
HOCCH2CHO	Monoaldehyde
HT	Head threshold
K_2CrO_7	Potassium dichromate
LB	Lobed
LC	Lethal concentration
LC_{50}	a concentration capable of killing 50% of test species
LHOO	lipidhydroperoxide
MN	Micronuceli
MTC	Maximum tolerable concentration
MTC	Maximum tolerable concentration
NA	nuclear abnormalities
NR	Neutral Red
NT	Notched
OECD	Organization for Economic Co-operation and Development
OTM	Olive tail moment
PAH	Polyaromatic hydrocarbons
PCB	Pentachlorinated biphenyls
PCP	Pentachlorinated phenols
PEC	Predicted effect concentration
PNEC	Predicted non effect concentration
PUFA	Poly unsaturated fatty acids
ROS	Reactive oxygen species
SOD	Superoxide dismutase
Sp	Spiroiminodihydantoin

SSB	Single strand break
TCHQ	Tetrachlorohydroquinone
TNA	total nuclear abnormality
TT	Tail threshold
TU	Toxicity unit
US EPA	United states environmental protection agency
VOC	Volatile organic compounds
WEA	Whole effluent assessment
WET	Whole effluent toxicity
WETT	Whole effluent toxicity testing
YOYO-1	ben-zoxazolium-4-quinolinum oxazole yellow homodimer

CAPÍTULO 1

Introdução

1.1. Caracterização dos efluentes: lições aprendidas para as indústrias de curtumes e de acabamento de peles.

A caraterização dos efluentes e a sua incorporação nas normas de poluição de vários países demonstram que as técnicas utilizadas nestes processos são ou "específicas da química" ou "avaliação da toxicidade" ou a combinação de ambas (de Zwart et al., 1995; Birkholz *et al*, 2000; van der Oost *et al*, 2003). Os ensaios químicos, com a sua abordagem convencional, aderem à análise química das águas residuais para os poluentes prioritários, seguida de uma comparação dos resultados analíticos com as normas de qualidade da água. Por outro lado, a avaliação da toxicidade avalia os efeitos agudos e crónicos da exposição para a saúde, utilizando um organismo sentinela aceite (Birkholz *et al.*, 2000).

Embora não se possa substituir um pelo outro, o bioensaio de efluentes tem muitas vantagens sobre os ensaios químicos. Por exemplo, os ensaios químicos permitem inferir a presença de poluentes primários regulamentados, mas, na ausência destes poluentes, podem erradamente indicar a ausência de poluentes (Birkholz *et al.*, 2000). Além disso, o efeito tóxico de uma mistura complexa de efluentes, muitas vezes com uma concentração indeterminada e com possíveis efeitos sinérgicos, aditivos e antagónicos, só pode ser detectado através da aplicação de bioensaios de efluentes; isto deve-se, em grande parte, à limitação das técnicas analíticas disponíveis. Embora a qualidade dos efluentes tratados possa não violar os limites de descarga, pode revelar toxicidade para os seres humanos e o ambiente aquático (Slabbert, 1996; Hagger *et al.*, 2006; Sahu *et al.*, 2008). Além disso, Hagger, (2006), observou que é necessário implementar testes de toxicidade em conformidade com os regulamentos ambientais para o controlo da qualidade das descargas das indústrias para as águas superficiais através de uma avaliação integrada dos riscos de toxicidade. Mais ou menos Birkholz

6

et al., (2000), afirma que o bioensaio de efluentes/testes de toxicidade pode ser utilizado para abordar o controlo e/ou a previsão de cenários de poluição. O primeiro engloba a aplicação da avaliação da toxicidade para testar a eficiência correctiva das tecnologias de tratamento de águas residuais e também pode ser incorporado em testes de conformidade, desde que os critérios toxicológicos façam parte da conformidade da licença. A segunda ajuda a compreender qualquer tipo de perturbação ecológica resultante de um derrame ou contaminação química.

O bioensaio de efluentes está atualmente a crescer rapidamente, envolvendo numerosas técnicas bio-analíticas desenvolvidas e aplicadas a organismos situados em diferentes níveis tróficos. Alguns dos procedimentos de ensaio foram normalizados por vários organismos reguladores. Entre os mais conhecidos encontram-se a US EPA, o Environment Canada, a OECD e a ASTM (Rand, 1995 & Landis & Yu, 2004). No entanto, a terminologia para o bioensaio de efluentes ou a avaliação da toxicidade em diferentes jurisdições ganhou expressões diferentes. Por exemplo, os EUA e alguns países europeus utilizam o termo toxicidade total dos efluentes (WET), que aplica bioensaios em organismos inteiros para detetar parâmetros relacionados principalmente com a mortalidade, o crescimento e a reprodução. De um modo mais geral, a versão da UE inclui ensaios abrangentes de bioacumulação, biodegradação e persistência. A avaliação mais ou menos completa dos efluentes da Alemanha (WEA), por sua vez, incorpora a carência biológica de oxigénio (CBO), os halogéneos orgânicos absorvíveis (AOX) e os orgânicos totais (Birkholz *et al.,* 2000 e Power e Boumphrey, 2004). Nesta revisão, o WETT ou, por vezes, o nome genérico "bioensaio de efluentes" é utilizado indistintamente.

No WETT, as palavras "bioindicadores" e "biomarcadores" são frequentemente utilizadas de forma repetida. Várias definições de ambas as terminologias são apresentadas por de Zwart *et al.,* (1995), Jah, (2004) e

Power *et al.,* (2004). Conforme citado em Adams *et al.,* (2001), McCarty e Munkitlrick (1996)

propuseram uma abordagem abrangente que relaciona ambos os conceitos numa única definição. Esta definição refere que "a variação antropogenicamente induzida em componentes ou processos bioquímicos, fisiológicos ou ecológicos, estruturas ou funções (biomarcador) que foi estatisticamente correlacionada ou casualmente ligada, pelo menos de forma semi-quantitativa, a efeitos biológicos a um ou mais níveis de organização biológica do organismo, população, comunidade ou ecossistema".

No que se refere ao bioensaio de efluentes para proteção do ecossistema de água doce e salgada, as espécies de peixes são utilizadas em abundância como organismos sentinela (Power *et al.*, 2004). Aqui é apresentada uma armadilha de testes nesta espécie apenas para os parâmetros de aptidão apical (organismo inteiro) e darwiniana no WETT. Os procedimentos WETT para peixes, amplamente conhecidos e padronizados, são classificados de acordo com a duração (curto prazo, intermédio ou longo prazo), os métodos de adição de soluções de ensaio (estático, semi-estático, fluxo) e o objetivo ou parâmetro detectado. O objetivo final destes ensaios é investigar os efeitos letais (mortalidade) e sub-letais (tais como alterações no desenvolvimento, crescimento, reprodução, metabolismo, fisiologia e comportamento) dos peixes quando expostos a uma mistura de poluentes (Cooney, 1995; Landis & Yu, 2004; EPA, 2002), OCDE, (1992)). Os parâmetros podem surgir durante a exposição e o fim do procedimento de ensaio ou algum tempo após o fim da exposição. As duas primeiras incidências são a experiência habitual no WETT convencional, enquanto a última é um fenómeno ignorado, que é predeterminado devido às propriedades da substância química, ao modo de ação da substância química e à competência metabólica do organismo para biotransformar as substâncias químicas (Hutchison, 2006; Rand, 2008; David, 2009; Hutchison *et al.*, 2009). Os parâmetros apicais e darwinianos baseados na aptidão física, especialmente motivados para provocar o efeito adverso de um efluente, já não são uma abordagem eficaz, embora sejam essenciais. Na maior parte das vezes, são necessárias doses elevadas para provocar o efeito adverso; obviamente, isto também constitui um potencial para iniciar uma toxicidade não específica (toxicidade sistémica). No entanto, a toxicidade ou ação específica não pode ser atribuída a uma substância de ensaio devido ao estado comprometido do organismo (Hutchinson et al., 2009). A toxicidade específica é conduzida num padrão de dose-resposta num determinado momento em condições experimentais *in situ* controladas. Isto foi geralmente seguido pela estimativa da concentração segura da mistura de poluente ou produto químico. A técnica baseia-se no rácio PNEC/PEC determinado com base no resultado da letalidade mediana (LC50 de 96 horas) (Walker, 2006; Ahlers *et al.*, 2008). A abordagem é, no entanto, estatisticamente motivada, o que pode sobrepor-se às respostas biológicas (Ahlers *et al.*, 2008).

Para além da observação empírica, os ensaios laboratoriais de toxicidade devem basear-se na deteção eficaz de biomarcadores de prognóstico, ou seja, biomarcadores moleculares, celulares, fisiológicos e comportamentais de desempenho reduzido que impedem a patologia e os danos para a saúde (Moore *et al.*, 2004). Além disso, os produtos químicos podem ter outros efeitos não testados no âmbito das estratégias actuais, como a genotoxicidade, que podem, por exemplo, levar ao declínio da população (Walker, 2006). De acordo com Liney *et al.* (2006), os parâmetros genotóxicos podem ser mais sensíveis do que os estrogénicos (mediados pelo sistema endócrino), entre outros, como indicadores de exposição nos peixes, uma vez que os primeiros ocorrem em concentrações inferiores às necessárias para induzir alterações reconhecíveis no sistema endócrino reprodutor. Assim, para que o biomarcador de prognóstico, como a resposta genotóxica, seja evidente sem comprometer a saúde do organismo testado, deve ser selecionada uma concentração de teste biologicamente relevante que não tenha em conta o efeito adverso. Para tal, é necessário efetuar o ensaio do produto químico ou da mistura de poluentes na concentração máxima tolerável (MTC) - uma concentração de ensaio sem provocar toxicidade grave, redução da sobrevivência, inibição da alimentação, comportamento anormal e alteração da morfologia e da cor (Hutchinson et al., 2009).

1.2. Genotoxicidade dos xenobióticos

O ADN apresenta-se nas células como um polímero de cadeia dupla funcionalmente estável, sem quebras de cadeia, aductos ou bases quimicamente alteradas que formam complexos com proteínas na estrutura cromossómica. O inverso comprometeria a integridade do ADN, provocando a alteração da estrutura bruta ou do conteúdo dos cromossomas (clastogenesidade) ou da sequência de pares de bases do ADN (mutagenecidade), o que é designado por genotoxicidade (Shugart, 1995; Lee e Steinert, 2003). Por conseguinte, os danos no ADN podem conduzir à citotoxicidade (morte celular) ou à genotoxicidade (mutagenicidade). A primeira é uma resposta aguda, enquanto a segunda é uma reação sub-letais. No entanto, as células têm o seu próprio mecanismo de reação a este tipo de efeitos. Por exemplo, as células eucarióticas podem responder de uma das seguintes formas: reparação do ADN, resposta ao ponto de controlo do ciclo celular ou apoptose (Shugart, 1995). Relativamente a estes fenómenos, existem duas terminologias, a saber mutagenicidade e genotoxicidade são muitas vezes utilizadas indistintamente, embora não sejam a mesma coisa; não foi possível encontrar na literatura uma diferenciação primorosamente elaborada entre as duas, para além da que foi apresentada por Zeiger, (2010); essa conciliação é aqui apresentada tal como está - "A mutação é geralmente definida como uma alteração hereditária na composição das bases do ADN ou na estrutura dos cromossomas, e inclui mutações genéticas (que podem variar desde alterações de uma única base até supressões de algumas bases contíguas), quebras e rearranjos cromossómicos e aneuploidias. Um evento mutagénico é, por definição, hereditário e será transmitido às células filhas quando ocorre em células somáticas ou à descendência quando ocorre nas células germinativas. Os danos genéticos que não são compatíveis com a sobrevivência ou a reprodução das células não conduzirão a uma célula ou a um organismo mutante. Em contrapartida, a genotoxicidade é um termo geral para qualquer tipo de dano ou alteração do ADN ou dos cromossomas e inclui não só mutações genéticas e quebras e rearranjos cromossómicos, mas também interação com o ADN ou danos no ADN; formação de adutos, interferência nos processos de replicação ou reparação do ADN e outros efeitos não específicos relacionados com o ADN".

No entanto, a compreensão da forma como estes genotóxicos/mutagénicos causam lesões no ADN é a principal questão que um toxicologista genético destaca (Shugart, 1995; Shugart e Theodorakis,

1998; Zeiger, 2010). Uma linha de ataque essencial consiste em identificar os mecanismos que os genotóxicos devem seguir para provocar qualquer anomalia genética - a proposta de Lee e Steinert (2003) é de longe uma abordagem indispensável. De acordo com o seu esquema, os genotóxicos são classificados em quatro classes principais, de acordo com os seus mecanismos de ação. As primeiras classes de genotóxicos são as que actuam diretamente no ADN sem qualquer ativação metabólica. Outra classe de genotóxicos é a dos produtos químicos cujos metabolitos causam danos no ADN. Enquanto o outro grupo inclui substâncias químicas capazes de gerar ROS, que podem danificar o ADN, o quarto grupo causa danos no ADN através da inibição da síntese e do processo de reparação do ADN. Além disso, algumas substâncias químicas podem atuar no ADN através de vários mecanismos combinados. Por exemplo, o mercúrio iónico liga-se ao ADN para provocar a quebra da cadeia de ADN e ligações cruzadas ADN-ADN e, ao mesmo tempo, inibe o mecanismo de reparação do ADN. Por outro lado, o potencial lesivo do ADN de certos PAH e compostos nitro-aromáticos requer uma foto-ionização da porção aromática para formar um radical catiónico que pode ligar-se facilmente ao ADN e provocar a quebra da cadeia (Lee e Steinert, 2003).

1.3. Genotoxicantes presentes nos efluentes de curtumes capazes de induzir genotoxicidade

Os resíduos de curtumes contêm, caraterísticamente, uma mistura complexa de poluentes orgânicos e inorgânicos libertados pelas instalações de processamento do couro. O crómio é o poluente mais importante. A fonte deste metal é a sala de curtumes, que utiliza sal de crómio ($CrSO_4$) para conferir ao produto de couro uma boa resistência mecânica, aptidão para o tingimento e uma melhor resistência hidrotérmica (Wionezyk *et al.*, 2006). No entanto, um problema associado à curtimenta ao crómio é que apenas 60 a 70% do sal reage com a pele; os restantes 30-40% são libertados sob a forma de solução de curtimenta sólida e gasta (Steeram e Ramasami, 2003). As libertações da solução de curtume gasta constituem concentrações mais elevadas de crómio, principalmente crómio trivalente, Cr (III). O Cr (III) é um ácido duro que apresenta uma forte tendência para formar complexos octaédricos hexacoordenados com uma variedade de ligandos, tais como H_2O, amoníaco, ureia, etilenodiamina e outros ligandos orgânicos contendo O,NorS (Mwinyihija *et al.*, 2010). Nos efluentes de curtumes, a presença de matéria orgânica proveniente do couro e da pele é eficaz na formação de complexos solúveis de Cr (III) (Mwinyihija *et al.*, 2010). Sob condições ambientais específicas (por exemplo, pH, temperatura) e algumas falhas de armazenamento, o Cr (III) pode ser oxidado a Cr (VI) (Bartlett e James, 1979 & Abdulla, 2010). Uma revisão inclusiva por McNeill *et al.*, (2012) também narra que, factores como, temperatura, oxigénio, microrganismos, compostos contendo tiol, cloro livre, cloroaminas e alguns compostos metálicos (Fe e Mn) desencadeiam uma reação redox. Devido ao seu estado de oxidação, o limite normal de crómio a descarregar nos esgotos ou no ecossistema de água doce exige o limite de descarga para os estados de oxidação trivalente e hexavalente.

Sabe-se que qualquer efluente típico de uma fábrica de curtumes descarrega não só crómio, que é um produto inerente ao processo de curtume, mas também outros metais, como Fe, Cu, Mn, Zn, Pb, Cd, As, Co e Ni (Sahu et al., 2006; Mwinyihija et al., 2010 e Ilou *et al.*, 2012; Bantnagar *et al.*, 2013). Embora a sua ocorrência nos efluentes de fábricas de curtumes não esteja genuinamente confirmada, exceto uma mera conclusão de que podem ser introduzidos durante o processo de tingimento, foram identificados em amostras colhidas em casas de feixes separadas. De acordo com Ilou *et al.* (2012), os efluentes de cada uma das fábricas de curtumes contêm uma quantidade considerável de Fe, Pb, Cr, Zn, Mn e Cu. No entanto, a concentração varia consoante os processos da unidade. Por exemplo, a concentração de crómio (como Cr total) é mais elevada do que o resto dos metais pesados em amostras de licor de pickle, licor de crómio e licor de gordura de corante. Ao passo que o mesmo não se verificou no licor de imersão e no licor de cal; foi registada uma concentração mais elevada de Fe.

No entanto, também são detectadas diferentes classes de poluentes orgânicos de origem natural e artificial nas águas residuais dos curtumes. A principal preocupação é, no entanto, os contaminantes de origem humana - acredita-se que estes poluentes evoluem a partir das fases de cura e armazenamento de couros e peles (COTANCE, 2002; Mwinyihija *et al.*, 2010 e Labunska *et al.*,

2011) e detergentes/surfactantes utilizados no procedimento de lavagem (COTANCE, 2002; Labunska *et al.*, 2011). A fase de cura e armazenamento do processo de curtimento envolve o uso de vários tipos de insecticidas e produtos químicos anti-mofo, capazes de impedir que a pele e os couros sejam degradados por microorganismos. A maioria destes produtos químicos são clorofenóis; os predominantes são o 3, 5 diclorofenol (PCB) (Mwinyihija *et al.*, 2010) e o 4-cloro-3-metilfenol (Labunska *et al.*, 2011). Entre outros, os biocidas e auxiliares do couro comummente detectados são o 2- butoxietanol, a isoquinolina, o hidroxibifenilo, o benzotiazol e o 2-metiltiobenzotiazol. Mais ou menos o processo de lavagem de roupa utiliza detergentes; o poluente mais persistente e primário identificado nas águas residuais são os compostos de nonilfenol e seus derivados. O derivado mais prevalente é o nonilfenol etoxilado (NPE), um grupo de detergentes iónicos utilizados como surfactantes. Predominam os alquilbenzenos de cadeia mais ou menos média a longa, ramificados e lineares, conhecidos por terem origem em ácidos gordos naturais retirados das peles que estão a ser processadas.

Também se encontram vestígios de compostos orgânicos voláteis (COV), como o tricloroeteno (tricloroetileno), o cis-l,2-dicloroeteno (1,2-dicloroetileno), o diclorometano e o 1,2-diclorobenzeno em quantidades significativas (Labunska *et al.*, 2011).

A presença de diferentes classes de poluentes nos efluentes das fábricas de curtumes suscita a questão da genotoxicidade. Este facto é atribuível ao potencial de genotoxicidade/potencial de danificação do ADN dos poluentes explicado nos parágrafos anteriores. Falando de genotoxicidade ou danos a biomoléculas como o ADN e lípidos de organismos vivos, dois mecanismos de ação são identificados como um meio; estes são a formação de aductos de ADN e danos oxidativos à porção de ADN, e fosfolípidos de membrana.

1.3.1. Danos oxidativos do ADN e dos fosfolípidos das membranas

A produção de fonte de energia para a grande maioria dos processos celulares de organismos aeróbicos, incluindo reações biossintéticas, motilidade e divisão celular, envolve a oxidação parcial do oxigénio molecular na cadeia de transporte mitocondrial, que resulta na formação de ROS ($\cdot$OH e O) e espécies reativas não radicais, como H2O2 (Livingstone, 2003 & Mahboob, 2013).

1. $O_2 + e^- \rightarrow \mathbf{O^{\cdot-}_2}$ (Super oxide radical (SO))
2. $O^{\cdot-}_2 + e^- + 2H^+ + H_2O \rightarrow \mathbf{H_2O_2}$ (hydrogen peroxide)
3. $H_2O_2 + e^- + H^+ \rightarrow \mathbf{OH^{\cdot}}$ (Hydroxy radical)
4. $OH^{\cdot} + e^- + H^+ \rightarrow H_2O$

Uma produção inicial de ERO pode, por sua vez, espalhar uma rede de ERO, como os radicais peroxil e aloxil (Valavanidis *et al.*, 2006 & Almroth, 2008). A produção de ROS é essencial para o funcionamento normal do ambiente celular apenas quando esta teia de produção é protegida por antioxidantes. No entanto, 2-3% dos radicais livres podem escapar ao escudo protetor do antioxidante e causar danos oxidativos (Valavanidis *et al.*, 2006). Assim, o processo tem de estar num equilíbrio constante entre a proliferação de ROS e a produção de antioxidantes de origem enzimática ou não enzimática. O contrário gera um stress oxidativo, um estado de desequilíbrio entre a geração e a neutralização dos ERO pelo mecanismo antioxidante num organismo (Davies, 1995). Os mecanismos de defesa antioxidante nos peixes incluem o sistema enzimático e os antioxidantes de baixo peso molecular. A superóxido dismutase (SOD), a catalase (CAT), a glutationa peroxidase (GPx) e a glutationa-transferase (GST) são as principais enzimas antioxidantes e importantes indicadores de stress oxidativo. O glutatião reduzido (GSH) e o dissulfureto de glutatião oxidado (GSSG) desempenham um papel fundamental na defesa antioxidante não enzimática (Kelly *et al.*, 1998).

Os efluentes das fábricas de curtumes contêm uma quantidade considerável de crómio e outros metais pesados, bem como compostos orgânicos como o fenol clorado, o 3, 5 diclorofenol (PCB) e os compostos de nonilfenol. Estes compostos têm sido associados ao aumento da produção de ROS ou, pelo contrário, à diminuição da atividade das enzimas antioxidantes. A produção de ROS, como HO·, pode causar uma cadeia contínua de reacções que provocam danos oxidativos em biomoléculas como o ADN e os fosfolípidos das membranas.

Por exemplo, o 4-fenol, um produto químico pertencente à família maior de compostos alquilfenólicos, consiste em um grupo fenólico com uma cauda alquil, que fornece alguma interação hidrofóbica desconhecida com o recetor de estrogênio; criando o alquilfenol para imitar a atividade do grupo fenol do 17β-estradiol. Assim, o processo de ativação metabólica, produz compostos ativos de ciclagem redox, causando assim um aumento na produção de ·OH. Potencia ainda mais a formação de aductos 8-OH-dG, quebras de cadeia, aductos de aldeído. De forma semelhante, a ciclagem redox pode também proliferar superóxidos capazes de causar mutações no genoma e aberrações cromossómicas (Bond, 2005).

Os fenóis clorados, como os fenóis pentaclorados, produzem ROS capazes de oxidar o ADN. Está provado que a via microssomal do citocromo P-450 inicia a oxidação do PCP no fígado para produzir tetraclorohidroquinona (TCHQ). Além disso, o ciclo redox dos metabolitos da TCHQ gera ROS. Em consequência, os danos no ADN resultantes do ataque de .OH provocam a oxidação de bases, danos na desoxi-ribose, quebras de cadeia e sítios AP (Zhu, 2011).

Os danos no ADN mediados por metais ocorrem em três etapas principais (Monserrat *et al.*, 2007). A primeira é a formação de aductos com o metal. Isto foi especialmente proposto para o ferro como um mecanismo em que o Fe (quelatos de Fe) se liga ao ADN, mais ao grupo fosfato no osso posterior ou à base de ADN, onde pode servir de centro para a formação cíclica de radicais hidroxilo, resultando na modificação do ADN. A segunda fase envolve a modificação secundária do ADN, incluindo a quebra de cadeias simples e duplas, alterações na reparação do ADN, modificação de bases e ligações cruzadas. Para que a modificação secundária do ADN ocorra, a terceira fase é de incidência crucial, em que a produção de radicais hidroxilo mediada por metais desencadeia a oxidação do ADN.

$$Fe\ (III) + O_2^{\cdot -} \rightarrow Fe\ (II) + O_2$$

$$\underline{Fe\ (II) + H_2O_2 \rightarrow Fe\ (III) + HO^{\cdot} + OH} \quad \text{(Fenton reaction)}$$

$$O_2^{\cdot -} + H_2O_2 \rightarrow O_2 + HO^{\cdot} + OH \quad \text{(Over all reaction-Haber-Weiss reaction)}$$

São conhecidos três mecanismos principais para a formação de ERO envolvendo metais pesados (Mahboob, 2013). Os metais redox activos, como o ferro, o cobre, o crómio e o vanádio, geram ERO através do ciclo redox. Os metais sem potencial redox, como o mercúrio, o níquel, o chumbo e o cádmio, prejudicam as defesas antioxidantes, especialmente as que envolvem antioxidantes e enzimas que contêm tiol (Stohs e Bagchi, 1995). Um terceiro mecanismo importante de produção de radicais livres é a reação de Fenton, através da qual o ferro ferroso (II) é oxidado pelo peróxido de hidrogénio em ferro férrico (III), um radical hidroxilo e um anião hidroxilo (Valko et al., 2005). Da mesma forma, o cobre, o crómio, o vanádio, o titânio, o cobalto e os seus complexos também podem estar envolvidos na reação de Fenton (Lushchak, 2011).

O ciclo redox é o modo de ação em que o crómio participa na produção de ·OH. Os estados oxidativos mais importantes do ponto de vista biológico do crómio são o Cr (III) e o Cr (VI). A questão reside na espécie mais suscetível de ser responsável pelos danos celulares e no mecanismo de lesão do ADN. Este debate tem-se baseado na capacidade das espécies para atravessar as membranas biológicas da célula. O Cr (III) é biologicamente mutagénico mas não representa um perigo imediato para as células, devido à sua impermeabilidade através da membrana plasmática. No entanto, acredita-se que dois mecanismos aumentam a permeabilidade, nomeadamente a transformação do Cr (III) na forma tetraédrica, à qual as membranas celulares são facilmente permeáveis, ou através da fagocitose e subsequente solubilização nos lisossomas para libertar iões Cr III. Além disso, o Cr (VI) intracelular é reduzido a Cr (III). Por outro lado, o cromato pode entrar ativamente através dos canais de transferência de aniões isoeléctricos e isoestruturais (Valko *et al.*, 2005).

Um dos relatórios mais importantes que demonstram a genotoxicidade do Cr (III) e do Cr (VI) é o modelo de absorção-redução desenvolvido por Comet e Wetterhalm (1983). O modelo foi posteriormente testado por várias investigações utilizando EPR e espetroscopia de absorção de raios X. O modelo propunha, em geral, a redução do Cr (VI) por dadores de electrões intracelulares (redutores) em três etapas de um eletrão através do Cr (V) e do Cr (IV) para a forma estável de Cr (III) que é acumulada nas células e ligada a macromoléculas bioquímicas. Os estudos baseados na técnica de captura de espetroscopia EPR demonstram a formação de EROs na configuração in vitro de uma reação entre Cr (VI) e GSH. De acordo com Valko et al., (2005), a reação de Cr (VI) com GSH leva à formação de espécies de Cr (V) (complexo de glutiona de Cr (V) e radical thyil derivado de glutiona (GS·). O Cr (V) reage ainda através da reação de fenton com H2O2 formando ·OH capaz de causar danos no ADN. Acredita-se que a via oxidativa dá origem a quebras de fita francas, sítios lábeis alcalinos e bases de ácido nucleico oxidadas atribuídas à exposição ao cromato. Para além disso, sabe-se que o crómio também causa efeitos genotóxicos através da via de ligação ao crómio, que dá origem a aductos Cr-DNA e DPCs. Os aductos Cr-DNA nesta circunstância são considerados conjugados de aminoácidos e redutores endógenos que se ligam ao ADN através da base guanina e/ou através do fosfato.

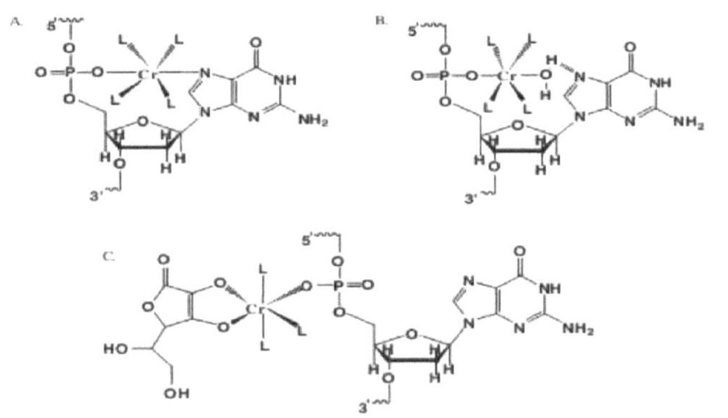

Figura 1.1. Estruturas propostas de ligações cruzadas de ADN mediadas por Cr (III). Fonte: Covino & Sugden, (2008).

A oxidação do ADN dirigida pelo hidroxilo foi resumida por Kelly, (2008). Das quatro bases do ADN, a guanina (G) é a mais fácil de oxidar; devido ao facto de a G ser uma porção da base do ADN rica em electrões, atrairá os sequestradores de electrões, como o OH e outros ERO. Os radicais hidroxilo podem reagir por abstração de hidrogénio, transferência de electrões ou reacções de adição. Na guanina, três posições de carbono são propensas a uma oxidação eletrónica acoplada ao H^+. Estas posições são C4, C5 e C8. Das três, C4 e C5 produzem os radicais 4 e 5-hidroxiguanina, que são capazes de se regenerar por um processo de regeneração autocatalítico, servindo de catalisador para a regeneração da própria G. Enquanto que o processo de oxidação em C8 produz o ambivalente G-8-OH, formando 8-oxo-G (8-oxo-7,8-dihidro-20-desoxiguanosina), bem como sendo reduzido para formar um derivado de formamidobipiramidina, Fapy-G   (2,6-diamino-5-formamido-4-hidroxipirimidina). Ver o mecanismo de reação na figura que mostra a oxidação da guanina, que também conduz a uma maior oxidação do 8-OXOG.

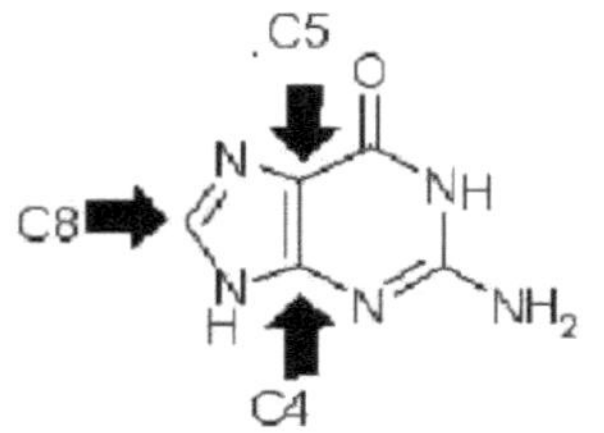

Figura 1.2. Locais susceptíveis de oxidação da guanina. Fonte: Kelly, (2008).

Mais de 100 produtos diferentes de danos no ADN causados por vários ERO, a lesão mais importante do ADN após ataques de radicais e ERO, que é amplamente utilizada como biomarcador do stress oxidativo celular e da genotoxicidade em organismos vivos, é a (8-OHdG) ou o seu produto de oxidação (8- oxo-2'-deoxiguanosina (8-OXOdG). Alguns tipos de produtos oxidativos do ADN são mutagénicos. A formação de 8-OXOG resultará na substituição de um par de bases G:C por um par de bases T:A após dois ciclos de replicação, uma vez que este tipo de dano permite que a guanina se emparelhe aberrantemente com a adenina (Ohno *et al.*, 2006).

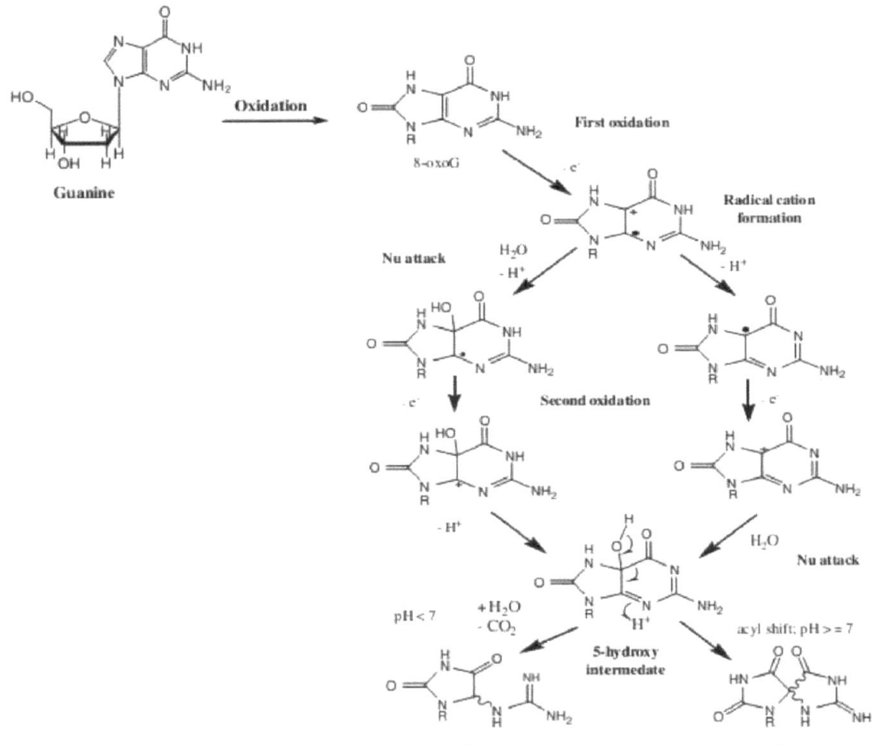

Figure 1.3. The mechanism for th
Source: Covino & Sugden, (2008).

Os fosfolípidos das membranas dos organismos aeróbicos estão continuamente sujeitos a desafios oxidantes provenientes de fontes endógenas e exógenas. As ROS extraem átomos de hidrogénio das ligações insaturadas, alterando a estrutura ou a função dos lípidos. Este sistema de extração é mais fácil nos ácidos gordos polinsaturados (AGPI) devido à proximidade das ligações insaturadas, o que permite uma extração mais fácil dos átomos de hidrogénio do grupo metileno. A fluidez das membranas e, consequentemente, a função dos organelos e a morte celular podem ser afectadas. A LP pode também afetar biomoléculas associadas à membrana, ou seja, proteínas ligadas à membrana ou colesterol, e pode ser importante nos peixes, uma vez que a sua membrana contém um grau mais elevado de AGPI do que a de outros vertebrados (Almroth, 2008). Os AGPI são

19

sensíveis à reação de dano oxidativo por ROS devido à sua dupla ligação. A fase final da

peroxidação lipídica consiste na formação de hidroperóxido lipídico (LHOO) e na sua posterior

decomposição em vários radicais, incluindo LO·, aldeídos (monoaldeído) (HOCCH2CHO), alcanos,

epóxidos lipídicos e álcoois. A maioria dos produtos é tóxica e os mutagénicos activos podem

formar aductos de ADN, dando origem a mutações e a padrões alterados de expressão genética. Por

fim, as membranas peroxidadas tornam-se rígidas e perdem a permeabilidade e a integridade

(Almroth, 2008). O efeito cumulativo da peroxidação lipídica está implicado como mecanismo

subjacente a numerosas condições patológicas em seres humanos (aterosclerose, anemias

hemolíticas, isquemia, etc. e outros organismos (Valavanidis *et al.*, 2006), fibrose pulmonar,

doenças neurodegenerativas (Parkinson, Alzheimer) e cancro, patologia do envelhecimento

(Almroth, 2008).

1.4. Genotoxicidade no ensaio de toxicidade do efluente total (WETT)

Vários ensaios *in vitro* e *in vivo* com peixes teleósteos, incluindo larvas, têm sido utilizados como

sistemas modelo para estudos toxicológicos, bioquímicos e de desenvolvimento (Powers, 1989). A

razão inicial para a sua utilização está relacionada com a descoberta de ocorrências epizoóticas em

paralelo com o crescimento exponencial das indústrias e a formação de aductos de ADN em peixes

selvagens expostos a hidrocarbonetos aromáticos policíclicos (PAH) (Shugart, 1995). Assim, tem

sido apontada a vantagem de utilizar modelos de peixes para o estudo da genotoxicidade e outros

estudos toxicológicos. De acordo com Al-Sabati e Metcalfe, (1995), as vantagens da sua utilização

são as seguintes

biosentinelas.

- As espécies de peixes são sistemas-modelo cientificamente aceitáveis para o rastreio de

  compostos genotóxicos, mutagénicos, teratogénicos e carcinogénicos.

- Respondem a tóxicos capazes de induzir a proliferação de peroxissomas e danos oxidativos nos

  hepatócitos, de forma semelhante aos testes em mamíferos.

- A presença de monooxigenases do citocromo P-450 hepático levou-os também a metabolizar muitos agentes cancerígenos de forma análoga à dos organismos mamíferos.

- Tecnicamente, as espécies de peixes podem ser facilmente mantidas e manipuladas no laboratório em condições experimentais de exposição tóxica.

- Os peixes e as espécies crustáceas encontram-se entre os mais importantes vectores de contaminação humana, uma vez que a alimentação é uma das principais vias de exposição a tóxicos nas populações humanas.

Foi relatada uma grande quantidade de informações sobre a aplicação do teste MN de peixes e do ensaio cometa em bioensaios de efluentes. Estes estudos destinavam-se a avaliar a genotoxicidade de ambientes contaminados ou de efluentes industriais utilizando espécies de peixes para os seguintes fins (1) avaliar a eficiência de acções correctivas (Hoshina & Marin-Morales, 2010; Cynthia, 2009); (2) avaliar a correlação da carga poluente a jusante com a fonte de genotoxicantes (indústrias ou descargas urbanas) (Rajaguru *et al.,*2003, Barbosa, *et al.,*2010 & Ali *et al.,*); (3) comparar a norma de limite de descarga ambiental com a indução de pontos finais genotóxicos (Qavas e Ergene-Gozukara, 2005 & Matsumoto *et al.,* 2006); e/ou avaliar a genotoxicidade de efluentes industriais em concentrações sub-letais, concentrações de teste que não provocam efeitos adversos na saúde. Antes de abordar a aplicação das técnicas na biomonitorização ecológica/WETT, as secções subsequentes darão ênfase aos princípios de deteção e ao desenvolvimento histórico das técnicas.

1.4.1. Teste de micronúcleos e de anomalias nucleares

Apesar de ter sido inicialmente desenvolvido para estudos de genotoxicidade em mamíferos, o ensaio de MN é utilizado profusamente na biomonitorização ecológica, especialmente utilizando peixes. Al-Sabti e Metcalfe, (1995) e Obiakor et al., (2012) apresentam uma revisão completa sobre a utilização do ensaio MN em peixes para ensaios com importância ecotoxicológica. Como citado em Kirsch-Volders *et al.*, (2003) e Da Roacha *et al.,* (2009), o ensaio MN antes de se tornar um ensaio tecnicamente aplicado, a observação das aberrações no ambiente celular data de há muitos anos. Há um século, Howell e Jolly identificaram micronúcleos no citoplasma dos eritrócitos. Howell designou-os por "fragmentos de materiais nucleares" e Jolly por "corpúsculos intraglobulares". Mais tarde, os hematologistas preferiram designá-los por "corpos de Howel-jolly". No entanto, a aplicação técnica dos micronúcleos foi testada pela primeira vez por Schmid, (1975, 1976), para detetar os efeitos de rutura cromossómica de doses subagudas de produtos químicos em esfregaços de medula óssea e linfócitos de roedores. Até à data, não existe um mecanismo claro de como os genotóxicos induzem MNs nos eritrócitos. No entanto, foi referido o processo geral de desenvolvimento no processo de proliferação celular. De acordo com Heddle *et al.*, (1983), Al-Sabti e Metcalfe, (1995) e Da Rocha *et al.*, (2009), os MNs são formados pela condensação de fragmentos cromossómicos ou de cromossomas inteiros que não são incorporados no núcleo principal após a anáfase (ver figura). Por esta razão, a formação de MNs é altamente dependente da cinética da proliferação celular, pelo que não podem ser observados até ao primeiro ciclo celular (Al-Sabti e Metcalfe, 1995; Salvadori *et al*, 2003). Além disso, a marcação em interfase é tecnicamente muito mais fácil e rápida do que a marcação em metáfase, ao contrário do teste de aberrações cromossómicas (Al-Sabti e Metcalfe, 1995). Apesar de ter sido originalmente desenvolvido para ser aplicado em ratinhos, foi posteriormente modificado por Hoofman e De Raat (1982), para ser aplicado em modelos de peixes. Nas células de mamíferos são 1/20 a 1/10 mais pequenos que o núcleo principal (Ribeiro, 2003). Nos eritrócitos dos peixes, o seu tamanho é inferior ao do núcleo principal entre 1/10 e 1/30. A aplicação desta técnica em espécies de peixes é fácil, fiável, menos dispendiosa e menos especializada quando comparada com os testes de aberrações cromossómicas, devido ao facto de os eritrócitos dos peixes serem nucleados (Al-Sabti e Metcalfe, 1995; Ayllon e Garcia-Vazquez, 2000).

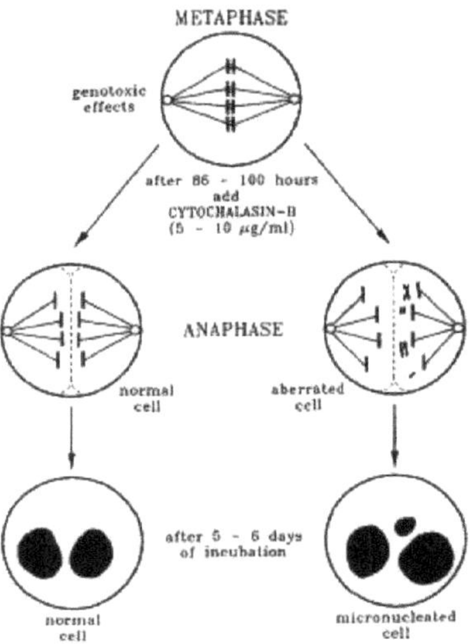

Figura 1.4. Ilustração esquemática do mecanismo de formação de micronúcleos em células mononucleadas. Fonte: Al-Sabti e Metcalfe (1995).

Para além das aberrações numéricas (MN), a formação de anomalias nucleares morfológicas (NAs) recebeu recentemente uma atenção considerável como indicadores de danos genotóxicos para complementar a pontuação das MNs no estudo de rotina da genotoxicidade (Da Silva Souz e Fontanetti, 2006). Esta anomalia foi identificada e classificada pela primeira vez por Carasco et al. (1990). Para todos os efeitos, são classificadas como células entalhadas (NT), lobadas (LB), com bolhas (BL) e binucleadas (BN). Resumidamente, as células com dois núcleos foram consideradas como binucleares (BN). Os núcleos com blebbed (BL) apresentam uma evaginação relativamente pequena da membrana nuclear, que contém eucromatina. As evaginações maiores do que os núcleos com lóbulos, que podem ter vários lóbulos, são classificadas como núcleos lobados (LB). Os núcleos com vacúolos e uma profundidade apreciável num núcleo que não contém material nuclear foram registados como núcleos entalhados (NT) (Figura 1.5).

Embora o mecanismo para a indução de NAs não seja bem conhecido, foi sugerido por Tolbert *et al.*, (1992), Shimizu et al., (1998, 2000), e Serini *et al.*, (2012) que problemas na segregação de cromossomas emaranhados e ligados ou a amplificação de genes através do ciclo de pontes de fusão por quebra poderiam causar núcleos LB ou BL durante a eliminação do ADN amplificado do núcleo. Além disso, a aneuploidia devido a falhas na tubulina e fusões mitóticas causadas por acções aneugénicas de tóxicos foi proposta por Fernandes *et al.,* (2007) e Wali *et al.,* (2013). Além disso, Ateeq *et al.,* (2002) articularam essa sequência de degradação celular sob o impacto de tóxicos, originando uma condição hipóxica que resulta em depressão de ATP que leva à forma anormal dos eritrócitos. Além disso, vários estudos propuseram a utilização da NA para complementar o ensaio de MN como biomarcador prospetivo da exposição em espécies de peixes expostas a diferentes tipos de produtos químicos e efluentes industriais (Ayllon e

Garcia-Vazquez, 2000, 2001; Cavas & Ergene-Gozukara, 2003,2005a, 2005b; Da Silva Souz e Fontanetti,2006, Matsumoto *et al.*, 2006; Kirschbaum, *et al.*, 2009).

1.4.2. Ensaio Cometa (eletroforese em gel de célula única (SCGE))

Para além dos testes de MN, o desenvolvimento da eletroforese em gel de célula única (também conhecida como ensaio cometa) permitiu aos investigadores detetar danos no ADN ao nível de células individuais. O ensaio é utilizado para detetar quebras de cadeia simples e dupla no ADN causadas por poluentes ambientais capazes de alquilar, intercalar e oxidar a porção de ADN (Nossoni, 2008).

O conceito de eletroforese em microgel foi introduzido pela primeira vez por Ostling e Johanson, (1984) como um método para medir as quebras de cadeia simples de ADN que causavam o relaxamento das super-bobinas de ADN. Uma versão modificada que utiliza condições alcalinas foi publicada quatro anos mais tarde por Singh e seus colegas. A ideia era combinar a eletroforese em gel com a microscopia de fluorescência para visualizar o ADN carregado negativamente que contém quebras. Mais tarde, Olive *et al.* (1990b) comunicaram um procedimento modificado que associava a microscopia de fluorescência a um software de análise de imagens digitalizadas desenvolvido para o efeito. Chamaram a esta técnica "ensaio do cometa", porque a imagem vista ao microscópio de fluorescência após uma breve eletroforese se assemelha a cometas no céu. Subsequentemente, a fim de estimar a distância de migração e a distribuição entre a cabeça e a cauda do cometa, sugeriram um descritor chamado momento da cauda, um produto do comprimento da cauda e uma proporção de ADN na cauda.

O processo global do ensaio do cometa inclui as etapas principais de pré-revestimento da lâmina, lise, desenrolamento, eletroforese, neutralização, coloração e pontuação do cometa (Fairbairn *et al.*, 1993, Fairbrain *et al.*, 1995, Tice *et al.*, 2000, Lee e Steinert, 2003 & Collins *et al.*, 2008).

Durante o revestimento das lâminas, as células são imobilizadas em agarose de baixo ponto de fusão, em agarose sanduíche dupla ou tripla, para obter géis estáveis que garantam a manipulação subsequente e a análise do cometa (Fairbrain et al., 1995). Após a solidificação do gel de agarose, as lâminas

submetido a um processo de lise. O processo de lise permite que os componentes celulares se dispersem, deixando o ADN imobilizado na agarose (Lee e Steinert, 2003). Para o efeito, as lâminas são imersas durante 1 hora (semanas, se não meses, dependendo do tipo de célula ou de considerações técnicas dos diferentes estudos) numa solução de lise que contém sais e detergentes elevados (por exemplo, EDTA 100 mM, cloreto de sódio 2,5 M, N-lauroilsarcosina 1%, base Trizma 10 mM, ajustada a pH 10,0, com Triton X-100 1% Singh *et al.* (1988)). Atualmente, segundo a proposta de Tice *et al.* (1991), adiciona-se 10% de DMSO a uma solução de lise final para eliminar os radicais de oxigénio gerados a partir da reação de fenton desencadeada pelo Fe que pode ser libertado durante a desintegração celular dos eritrócitos, que existem em amostras de sangue e de tecidos (Tice *et al.*, 1991, 2000).

Depois de terminado o processo de lise, os núcleos nus são desnaturados ou desenrolados em tampão alcalino ou neutro durante um período de tempo especificado, que normalmente dura entre 20 e 30 minutos. Assim, durante o desenrolamento, quanto mais quebras estiverem presentes no ADN, maior será o grau de relaxamento da super-bobina (Lee e Steinert, 2003). Uma vez atingido um grau suficiente de relaxamento, inicia-se o processo de eletroforese. Durante a eletroforese, a aplicação de um campo elétrico nas lâminas cria uma força motriz através da qual o ADN carregado pode migrar através da agarose circundante, afastando-se da massa principal imobilizada de ADN nuclear (Lee e Steinert, 2003). Não existe uma corrente ou voltagem específica que pareça adequar-se a todos os procedimentos de eletroforese. A combinação mais comum de tensão e corrente utilizada é uma tensão de 25 V e uma corrente de 300 mA. Assim, a tensão e a corrente fixas são, em teoria, irrelevantes, uma vez que é a tensão através do gel (aproximada pelo V/cm na plataforma) que constitui a força motriz para a eletroforese da molécula de ADN carregada (Collins *et al.*, 2008).

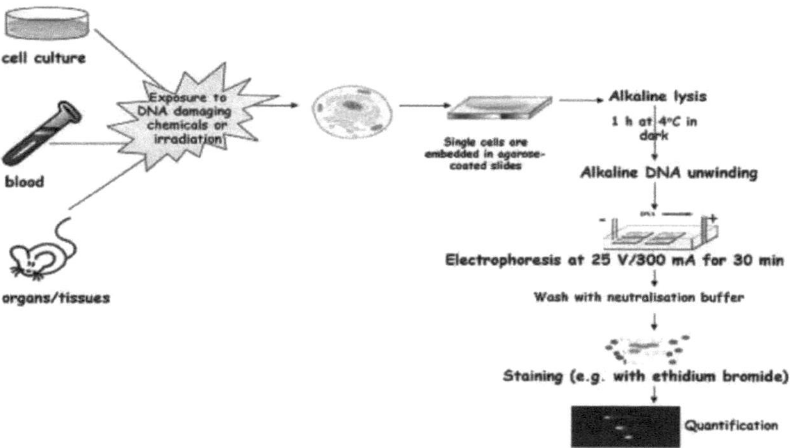

Figura 1.6. Representação esquemática do processo global de eletroforese em gel de célula única (ensaio Comet).

Uma revisão de Tice *et al.*, (2000) e Collins *et al.*, (2008), resume que a variabilidade da alcalinidade do tampão de eletroforese afecta o resultado do ensaio cometa. Isto deve-se ao facto de o ADN ser desnaturado a pH 12,0, levando à rutura das ligações de hidrogénio entre as cadeias duplas de ADN. Assim, em condições de pH de 12,6 ou superior, os ALS (por exemplo, sítios apurínicos) são rapidamente transformados em quebras de cadeia, levando à expressão máxima de ALS como SSB a um pH de 13 (Tice *et al.*, 2000). Por outras palavras, quando as células são lisadas e sujeitas a eletroforese em condições neutras, apenas são detectadas quebras de cadeia duplas. Em condições de pH 12,3, são detectadas quebras de cadeias duplas e simples, enquanto em condições de pH > 13 são detectadas quebras de cadeias duplas, quebras de cadeias simples, lesões lábeis aos álcalis, ligações cruzadas ADN-ADN e ADN-proteína (Tice *et al.*, 2000 & Collins *et al.*, 2008).

Após a eletroforese, as lâminas são lavadas em tampão neutro (trizima a pH 7,5), geralmente durante 5 minutos, em três lavagens de trizima ou mais, a fim de reduzir o fundo observado durante a contagem (Rojas *et al.*, 1999, Tice *et al.*, 2000). No presente estudo, o procedimento de eletroforese é efectuado a um pH >13. Após a neutralização, as lâminas podem ser coradas e os cometas marcados, ou o gel pode ser seco, as lâminas armazenadas e os cometas marcados quando conveniente. No primeiro caso, as lâminas devem ser marcadas dentro de um período de tempo razoável (por exemplo, 24 horas) para evitar a difusão excessiva do ADN no gel. No segundo caso, os géis de agarose podem ser desidratados por imersão das lâminas em etanol absoluto ou metanol durante um curto período de tempo (por exemplo, 5 minutos) ou deixando as lâminas secar à temperatura ambiente (Tice *et al.*, 2000).

Para visualizar a migração do ADN em lâminas de agarose, é necessário um microscópio de luz fluorescente ou convencional. Para prosseguir com a utilização do primeiro, é obrigatória a utilização de corantes fluorescentes. Os corantes fluorescentes mais frequentemente utilizados são o brometo de etídio, o iodeto de propídio, o 4,6-diamidino-2-fenilindole (DAPI), o SYBR Green I, o YOYO-1 (homodímero amarelo de ben-zoxazolium-4- quinolinum oxazole). O último requer um corante não florescente, como o nitrato de prata (Collins *et al.*, 2008). As lâminas coradas são em seguida submetidas à pontuação do cometa, que pode ser efectuada qualitativa e/ou quantitativamente. Fairbairn *et al.*, (1995), Tice *et al.*, (2000) e Lee e Steinert, (2003) apresentaram uma revisão das técnicas disponíveis para a medição do cometa. Mais interessante ainda é o facto de Collins *et al.* (2008) terem classificado as abordagens utilizadas na análise de cometas em quatro técnicas distintas

1. Medir o comprimento da cauda do cometa numa fotomicrografia ou usando uma gratícula - um método laborioso, que dá informações limitadas, uma vez que o comprimento da cauda aumenta apenas a

níveis mais baixos de danos e rapidamente se torna máxima, reduzindo o alcance útil do ensaio.

2. Classificação dos cometas por inspeção visual, normalmente em categorias: 0 representa células não danificadas (cometas com caudas pouco ou nada detectáveis) e 1-4 representa o aumento das intensidades relativas das caudas A soma das pontuações (0 de 100 cometas dá uma pontuação global entre 0 e unidades arbitrárias.

3. Análise de imagens, com uma câmara com dispositivo de acoplamento de carga ligada a um computador com software adequado, disponível no comércio ou na Internet.

4. Sistemas automatizados, que procuram cometas e efectuam a análise com um mínimo de intervenção humana

1.5. Ensaio MN e ensaio Cometa em peixes expostos a xenobióticos

O ensaio de micronúcleos detecta os efeitos clastogénicos e aneugénicos e, por conseguinte, pode detetar a genotoxicidade de uma vasta gama de compostos (Heddle *et al.*, 1991), em qualquer população de células em proliferação, tais como brânquias, barbatanas, rins, células hepáticas e eritrócitos periféricos (Bolognesi e Hayashi, 2011). Os eritrócitos periféricos são as células mais utilizadas na análise de MN, porque 97% das células sanguíneas dos peixes são glóbulos vermelhos e apenas 3% são glóbulos brancos, o que representa homogeneidade e evita procedimentos associados à preparação de células e ao abate de animais (Mitchelmore Chipman, 1998). (1990), a falta de sensibilidade e a possibilidade de confundir os danos nucleares causados pela necrose viral com uma resposta clastogénica. Este facto deu origem à necessidade de procurar origens celulares alternativas (Al-Sabti e Metcalfe, 1995). Uma das alternativas é o hepatócito, que é preferível pelo facto de estar envolvido no metabolismo de xenobióticos. No entanto, o índice mitótico mais baixo limita a aplicação do hepatócito na biomonitorização ecológica; assim, o mecanismo concebido para ultrapassar este obstáculo envolve a indução do fígado com necrogénio, como o formiato de alilo (Williams e Metcalfe, 1992). Por outro lado, as células das barbatanas também são consideradas adequadas para o ensaio de MN, devido ao contacto direto dos tecidos com o ambiente e à tarefa bioética de manter os peixes vivos. No entanto, é necessário cortá-las e incubá-las para que se regenerem, durante o que se forma o MN. Além disso, as células branquiais também são utilizadas repetidamente no ensaio de MN, pelo facto de serem o alvo primário de todos os contaminantes nascidos na água, por terem um índice mitótico mais elevado e por apresentarem uma frequência basal mais elevada de MN neste tecido (Hayashi *et al.*, 1998 & Cavas e ergene-Gozukara, 2005b, 2003). Além disso, as células renais (rim cefálico) também são consideradas neste projeto, porque são um órgão hemopoiético responsável pela eritropoiese e pela filtração. Após a exposição dos peixes a toxinas, os eritrócitos defeituosos passam do rim para o sangue periférico, de onde são removidos pelos órgãos de hemocaterese (Rabello-Gay, 1991).

Cavas & Ergene-Gozukara, (2005a), avaliaram a frequência de MN em eritrócitos periféricos e eritrócitos branquiais de *O.niloticus* expostos a concentrações sub-letais de efluentes de refinaria de petróleo e de processamento de crómio em vários períodos de exposição. Registou-se um aumento da frequência de MN em ambas as origens de células; contudo, os eritrócitos branquiais apresentaram uma resposta mais elevada do que os eritrócitos periféricos. Do mesmo modo, Cavas & Ergene-Gozukara, (2003; 2005b) & Ergene-Gozukara *et al.*, (2007) registaram uma resposta mais elevada nos eritrócitos branquiais do que nos eritrócitos periféricos de *O.niloticus*. Manna & Sadhukhan,(1986) também referiram que as células branquiais de *Oreochromis mossambicus* são mais sensíveis à exposição genotóxica do que outros tecidos, como o fígado ou o rim, e Hayashi *et al.* (1998) referiram que as frequências de MN em cinco espécies diferentes de peixes capturados no campo eram significativamente mais elevadas nas células branquiais do que nos eritrócitos.Ali *et al*,(2008); examinaram se os eritrócitos dos rins permitiriam uma deteção mais precoce e mais sensível das frequências de micronúcleos do que os eritrócitos do sangue periférico. Os resultados revelaram que as percentagens de MN eram inferiores às obtidas a partir de eritrócitos periféricos, o que indica que o sistema de reparação nos rins pode desempenhar um papel melhor do que o dos eritrócitos periféricos. Por outro lado, os eritrócitos das brânquias podem fazer com que os contaminantes não cheguem às células renais. Além disso, nos peixes, o rim é responsável pela eritropoiese e pela filtragem. Após a exposição dos peixes a toxinas, os eritrócitos defeituosos passam do rim para o sangue periférico, de onde são removidos pelos órgãos de hemocaterese (Rabello-Gay, 1991). Uma frequência superior de clastogenesidade induzida, demonstrada por uma frequência mais elevada de MN nas brânquias, pode dever-se ao facto de estas estarem mais diretamente expostas a contaminantes ambientais; em segundo lugar, têm um índice mitótico mais elevado e, além disso, neste tecido é exibida uma frequência basal mais elevada de MN (Cavas & Ergene-Gozukara, 2005b, 2003; Hayashi et al, 1998). Ozkan *et al.,* (2011), testou o efeito genotóxico do cádmio sub-letais (0,5 e 1mg/L) em 2, 4, 6 e 10 dias de exposição. Observou-se que as frequências de MN e NA nos eritrócitos periféricos dos peixes aumentaram em função do tempo e da dose, mas também se observou uma tendência gradual de diminuição a partir do sexto dia. Este estudo concluiu que a frequência máxima de MN e NA foi registada no quarto dia de exposição ao cádmio. Nepomuceno *et al* (1997) sugeriram antes que a razão para a redução da indução de MN após um tempo prolongado se deve a duas razões. Ou a concentração mais elevada de poluente pode ter interrompido a replicação do ADN, inibindo a divisão celular normal dos eritrócitos, ou as frequências de MN tendem a equilibrar-se e os peixes podem promover algum mecanismo de defesa para reduzir alguns dos resíduos de metal no corpo, a fim de estabilizar o MN.

O advento do ensaio cometa tornou possível a deteção de danos no ADN, incluindo a quebra de uma ou duas cadeias e outras lesões, tais como locais lábeis aos álcalis, ligações cruzadas de ADN, aductos, reparação por excisão incompleta, purinas e piramidinas oxidadas. No entanto, a resposta depende do pH do tampão de eletroforese, da modificação enzimática do ensaio, do tecido (origem da célula), das condições experimentais, da variação de espécies, do tipo de célula e de outras abordagens metodológicas, como a densidade do gel, a corrente de eletroforese, a solução de lise e os preditores de danos no ADN utilizados nos programas informáticos de análise de imagens (Rojas *et al.*, 1999; Tice *et al.*, 2000; Collins *et al.*, 2008).

A utilização alternada do pH do tampão de eletroforese e de numerosos tipos de células, incluindo eritrócitos periféricos, brânquias, fígado e rins, entre outros, comprovou a autenticidade do ensaio para avaliar uma resposta genotóxica em espécies de peixes expostas a diferentes classes de produtos químicos e a uma mistura complexa de poluentes. Rajaguru *et al.* (2003) efectuaram um estudo *in situ e in vivo* para avaliar as propriedades genotóxicas da água e dos sedimentos recolhidos do rio Noyyal, poluídos com efluentes industriais e esgotos, em peixes (*Cyprinus carpio*) e minhocas (*Eisenia foetida*), utilizando o ensaio do cometa alcalino. Após eletroforese, foram observados danos extensos no ADN, medidos como o rácio comprimento/largura da massa de ADN, em eritrócitos, fígado e células renais de peixes expostos a amostras de água poluída e a quantidade de danos aumentou com a duração da exposição. Pandey *et al.*, (2006) efectuaram uma investigação baseada no ensaio cometa para avaliar os danos no ADN em células branquiais e renais de *Channa punctatus* (Bloch) expostas a doses agudas (6 µg/L, 8 µg/L, 10 µg/L e 12 µg/L) de endossulfan, um pesticida organoclorado. A comparação global da % de ADN da cauda nos tecidos revelou a presença de danos no ADN significativamente mais elevados (P < 0,01) nos tecidos branquiais do que nos tecidos renais. A análise separada de ambos os tecidos mostrou um resultado notável; as células renais demonstraram quebras de DNA significativamente maiores em 10 µg/L em contraste com 12 µg/L. O dano foi reduzido implicando a perturbação no processo enzimático no processo de dano ao DNA nos tecidos renais. Foi também referido que a possibilidade de as células terem sido submetidas a uma fase anterior de apoptose pode ter contribuído para os níveis de danos no ADN registados com o cometa, que o ensaio não avalia. Ahmed et al. (2010) também registaram uma resposta semelhante, específica para cada tecido, entre as células extraídas do fígado, dos rins e das brânquias, concluindo que a percentagem de ADN da cauda era mais elevada no fígado, seguida do tecido dos rins e das brânquias.

Kilemade *et al.*, (2004), efectuaram análises de danos no ADN em células epidérmicas, branquiais, do baço, do fígado e do sangue total de pregado (*Scophthalmus maximus L*). Os danos no ADN manifestaram-se sob a forma de quebra de cadeias, com diferenças significativas em relação às amostras de sedimentos do local de referência, o que indica que a quebra de cadeias é suficientemente persistente para ser retida durante o isolamento das células. Mais importante ainda, os resultados mostram também que o fígado, as brânquias e o sangue foram os tecidos mais sensíveis, tendo sido detectado um nível inferior de danos na epiderme e no baço.

É evidente que, quando os peixes são expostos a diferentes classes de poluentes, a resposta específica dos tecidos varia em conformidade, não só do ponto de vista quantitativo, mas também é difícil determinar qual o órgão que constitui o local de ação permanente dos genotóxicos. Este facto foi referido por Belapaeme *et al.* (1998), indicando que as células hepáticas do pregado, após uma exposição *in vivo* ao EMS, pareciam ser o tipo de tecido menos sensível; a variação da resposta dos tecidos aos danos no ADN é evidenciada devido à competência metabólica e à biotransformação dos produtos químicos, bem como ao mecanismo de interação entre o ADN e o tóxico. De acordo com Kilemade *et al.*, (2004), a maior sensibilidade do fígado de Turbout estava relacionada com as capacidades de metabolização dos hepatócitos; assim, a exposição das espécies de ensaio aos HAP desencadeia o processo de biotransformação do composto parental, que conduz à formação de metabolitos reactivos, como os epóxidos. Os aumentos dependentes do tempo nos danos no ADN em quaisquer outros tecidos mostraram que, após 7 dias de período de exposição, com exceção do baço, a resposta genotóxica parecia estar estabilizada. Resultados semelhantes foram também registados por Belapaeme *et al.*, (1998) e Deventer (1996). De acordo com Kilemade *et al.*, (2004), este fenómeno deve-se ao processo de reparação por excisão do ADN, que ocorre após o período de exposição inicial e impede a acumulação de mais danos ou instabilidade do ADN no tecido exposto. Em geral, Lee e Steinert (2003) explicaram que, como a variação do número de sítios lábeis aos

álcalis é variável no ADN de diferentes tecidos e de diferentes tipos de células com níveis de fundo muito diferentes de quebras da cadeia de ADN, devido à variação da atividade de reparação por excisão, da atividade metabólica, da concentração de antioxidantes e de outros factores, a resposta aos danos no ADN também varia. O conceito de que o ensaio cometa é capaz de elucidar diferentes tipos de danos no ADN já foi clarificado; no entanto, o mecanismo de clivagem do ADN varia em função do constituinte do efluente.

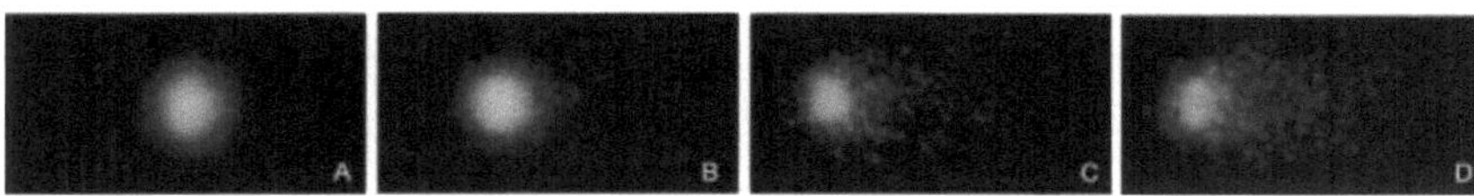

Figura 1. 7. Resultados do ensaio cometa realizado com eritrócitos *de Oreochromis niloticus*. A-Classe 0 (célula sem dano); B-Classe 1 (pequeno dano); C- Classe 2 (dano médio) e D- Classe 3 (grande dano). Fonte : Matsumoto et al, (2006).

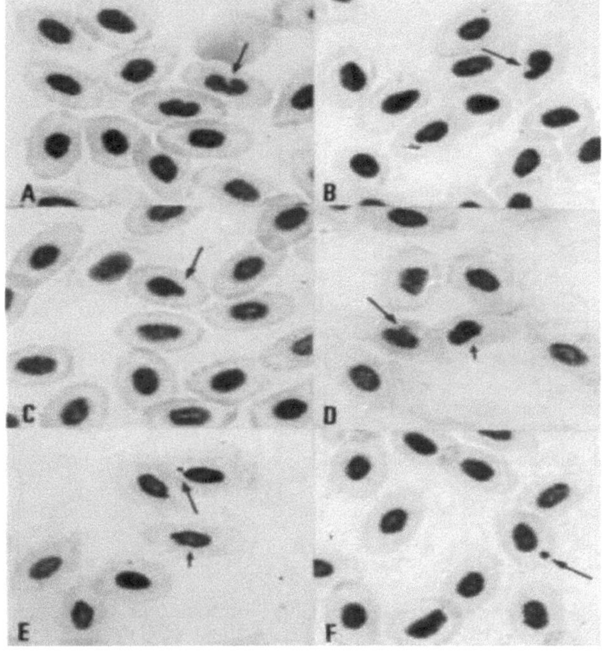

Figura 1.8. Eritrócitos (*Oreochromis niloticus*) com um micronúcleo e anomalias nucleares: A e B-Núcleos entalhados; C-Núcleos lobados; D-Núcleos lobados (seta grande) e núcleos sangrados (seta pequena); E-Ovos quebrados (seta grande) e núcleos sangrados (seta pequena);

F-M *F-Micronúcleo.* **Fonte: Matsumoto et al, (2006).**

Assim, é um desejo iminente do analista diferenciar os tipos de danos quando os peixes são expostos a uma mistura de poluentes. Uma versão modificada do ensaio cometa tem vindo a desempenhar um papel fundamental na deteção de tipos específicos de lesões. A técnica permite detetar bases oxidadas através da combinação do ensaio cometa padrão com enzimas específicas que permitem detetar lesões específicas do ADN. Enzimas como a Endonucelase III (Endo III) e a Formamido pirimidina glicolase (FPG) são designadas como a principal escolha de interesse. A Endo III reconhece as pirimidinas oxidadas, como a timina glicol, enquanto a FPG actua sobre as purinas oxidadas, como a 8-hidroxiguanosina, um dos principais produtos oxidativos da fração de ADN identificados até à data (Lee e Steinert, 2003).

Guilherme *et al.*, (2012), demonstraram a aplicação de hepatócitos tratados com FPG para avaliar o stress oxidativo. No seu estudo, um peixe *Anguilla Anguilla* foi exposto a uma concentração ambientalmente realista de herbicida organofosforado à base de glifosato. As células das brânquias e do fígado foram também testadas através de um ensaio cometa padrão. Para reconhecer as purinas oxidadas, foram utilizadas células hepáticas. Como indicadores de antioxidante proxidante foi determinado em ambos os tecidos. O resultado mostra que ambos os fígados responderam positivamente aos danos no ADN. O ensaio cometa modificado mostrou a ocorrência de sítios sensíveis à FPG no fígado apenas após três dias de exposição a uma concentração mais elevada. A resposta antioxidante não é, contudo, reactiva, apesar de um único aumento da atividade da catalase nas brânquias a uma concentração mais elevada e de uma diminuição da atividade da SOD no fígado. Em geral, um aumento do estado proxidante não é condição necessária para a indução de efeitos prejudiciais para o ADN. Ao aumentar a duração da exposição para três dias, os processos dependentes de ROS ganharam preponderância como mecanismo de indução de danos no ADN numa concentração mais elevada. Outros estudos de igual importância são também relatados por Ackha *et al.*, (2003), Winter *et al.*, (2004) e Aniagu *et al.*, (2006).

Tabela 1.1. Resumo dos relatórios sobre a utilização do ensaio MN para avaliar a

genotoxicidade de efluentes industriais.

Source of pollutant	Fish species	Cell types	Concentration	Exposure period	Reference
River Water	*O.niloticus*	Peripheral Erythrocytes, gill cells, and caudal fin epithelial cells	NS	2, 4 and 6 days	Ergene-Gözükara, *et al.*, (2007)
Brewery and Textile Mill Effluent	*Clarias lazera*	Peripheral Erythrocytes	10-60%, v/v)	14 days.	Odeigah and Osanyipeju, (1995)
Textile mill effluent	*O.niloticus*	Peripheral Erythrocytes* and gill cells	5, 10 and 20% (v/v)	*3, 6 and 9 days*	Çavas and Ergene-Gözükara, (2003)
gasoline station effluents	*O. niloticus*	Peripheral Erythrocytes	10% and 50%.	NS	Oliveira-Martins & Grisolia, (2009)
River	*Oncorhynchus mykiss*	Peripheral erythrocyte	NS	*(7 days)*	De Flora *et al.*, 1993
River	*Carassius auratus gibelio*	Peripheral erythrocyte	NS	NS	Al-Sabti *et al.*, 1994
Paper mill effluent	*Perca fluviatilis*	Peripheral erythrocyte	NS	NS	Al-Sabti and Hardig, 1990
textile dye effluent	*cyprinus carpio*(measure using comet assay)	Peripheral erythrocyte	NS	NS	Sumathi *et al*,(2001)
Dyeing industry effluent	*Cirrhinus mrigala*	Blood from anterior kidney measured using MN test and NA	Sublethal concentrations (24.48%, 12.24% and 6.12%)	24h, 48h, 72h and 96h.	Kaur *et al.*, 2013

Test sample	Fish species	Cell type	End points	Result	Reference
River continuously receiving discharge from an oil refinery station.	*in situ* *O.niloticus*	Peripheral erythrocyte	DNA damage	Revealed higher magnitude of genotoxic response in test species exposed to dump location and downstream.	Souza and Fontanetti, 2012
Rivers contaminated with municipal discharges	*Cobitis elongate* feral	Peripheral erythrocyte	DNA damage	two rivers of varying quality lower integrity of DNA however exhibited in one of the rivers, constitute genotoxic metals Sr, Hg, As, Cu, Cr and Mn believed to be entered from municipal	Kopjar *et al.*, 2008
River contaminated with city sewer and pesticides	*Cyprinus carpio*	Peripheral erythrocyte	DNA damage	come up with a result of higher index of DNA damage, measured using comet assay than non polluted areas	Cok et al., 2011
River contaminated with heavy metals	*H.luetekenii*	Peripheral erythrocytes,	DNA damage	Showed no significant difference between sampling points, and reported positive response of genotoxicity.	Scalon, *et al.*, (2010)
river system contaminated with petrochemical mainly oil and phenol compounds	bufo raddei	Peripheral erythrocytes and liver	SCGE and MN	Suggests that liver is a better biomarker than blood for assessing genotoxicity. MN frequency in erythrocytes was not significantly correlated with phenol concentration unlike Comet assay.	Huang et al., 2007
Fishes collected from seven polluted areas	*Ameius nebulosus, Cyprinus carpio*			greater extent of DNA damage in, collected from seven different sites as compared to control	Pandrangi *et al.* (1995)
River contaminated with domestic sewage and industrial effluent	*Channa punctatus* and *Mystus Vittatus*	Peripheral erythrocyte	DNA damage and MN	Elevate amount of induced MN and DNA migration in treated groups than control and *C.punctatus* found to be more sensitive to aquatic pollutants	Kushwaha et al, 2012
petroleum refinery effluent physico-chemically and biologically treated (flotation, aeration, activated sludge, clarifier and stabilization pond)	*Oreochromis niloticus*	Peripheral erythrocyte	DNA damage	There finding has shown the tendency for a decrease in values of comet score towards increasing treatment levels. This has lead to a conclusion of the efficiency of the treatment systems in reducing the potential genotoxicants	Hoshina & Marin-Morales, 2010

| **Biologically treated pharmaceutical waste water using _Pseudonomal peli_** | _Mytilus galloprovincialis_ | Peripheral erythrocyte | DNA damage | Further concluded that comet assay can be used to biomonitor physicochemical and biological treated quality of water | Mustapha et al, 2013 |

Tabela 1.2. Resumo dos relatórios sobre a utilização do ensaio Comet para avaliar a genotoxicidade de efluentes industriais e rios perturbados.
1.5.1. Indução de MN, NA e danos no ADN em peixes expostos a efluentes de curtumes

Tanto as investigações baseadas no MN como no ensaio cometa provaram que os efluentes de curtumes possuem substâncias químicas, como o crómio, que podem causar efeitos genotóxicos e mutagénicos. Matsumoto *et al.* (2006) confirmaram que os efluentes de curtumes lançados no ribeiro de Bagres, em São Paulo, com uma concentração total de crómio tão baixa como 0,05 mg/L, são capazes de causar efeitos clastogénicos e aneugénicos em eritrócitos de peixe e células da ponta da raiz da cebola. Após uma exposição de 72 horas de 1:1 (v/v) de água de poço com efluentes de curtume num laboratório, o sangue de Oreochromis *niloticus* foi retirado e avaliado quanto à frequência de MN, anomalias nucleares e fragmentação do ADN. Os resultados mostram que a água proveniente do local de descarga dos efluentes produziu a maior frequência de anomalias nucleares (2,53%) e de micronúcleos (0,45%); as anomalias nucleares dos eritrócitos são identificadas como núcleos com bolhas, entalhados e lobados e a elevada taxa de fragmentação do ADN é classificada como classe 0 (célula sem danos), classe 1 (danos pequenos), classe 2 (danos médios) e classe 3 (danos grandes). A mutagenecidade das amostras de água foi avaliada utilizando o ensaio com células da ponta da raiz da cebola, sendo as anomalias cromossómicas mais frequentes observadas: c-metáfases, cromossoma em bastão, quebras e perdas cromossómicas, anáfases em ponte, anáfases multipolares e células micronucleadas e binucleadas. A conclusão mostra que a aberração celular se deve à clastogenicidade dos efluentes da fábrica de curtumes, provavelmente ao crómio, porque a frequência mais elevada de todos os parâmetros é exibida nos peixes expostos a amostras colhidas dos efluentes da fábrica de curtumes e do ribeiro inferior, em comparação com as amostras colhidas no local superior.

Al-Sabati *et al.*, (1994), investigaram os efeitos citogenéticos do crómio em resíduos de couro lançados no rio Ljubljanica, amostrados 100 m acima e 400 m abaixo do ponto de descarga. O teste MN foi efectuado em eritrócitos de *Carassius auratus gibelio* (carpa da Prússia) expostos a efluentes a montante e a jusante durante três períodos de tempo diferentes: 72, 168 e 216 horas. O teste simultâneo foi efectuado utilizando soluções preparadas de CrCl3 e K2CrO7. A exposição a concentrações sub-letais de espécies de crómio, tanto no campo como em laboratório, provocou um aumento da frequência de MN em comparação com o grupo de controlo. Além disso, observou-se um aumento do número de MN a concentrações de espécies de crómio iguais ou mesmo inferiores aos níveis-limite para as águas naturais. Além disso, Walia *et al.* (2012) também elucidaram o efeito genotóxico da concentração sub-letal de efluentes de curtumes nos tecidos renais de *Labeo rohita*. De acordo com o seu relatório, foram observados dez tipos de aberrações cromossómicas, incluindo anomalias nucleares, o que indica que, sob concentração sub-letal (3,5%) e exposição durante um máximo de 96 horas, foram induzidas aberrações cromossómicas; para além deste limite, pode causar a morte celular.

Sivachandran *et al.*, (2014), investigaram a possibilidade de utilizar outros tipos de células para além dos eritrócitos periféricos de peixes expostos a efluentes de curtumes. Os danos no ADN foram avaliados no tecido metabólico, fígado e tecido reprodutivo, testículo de *Channa striatus*. O grau mais elevado de danos no ADN e as pontuações da % do cometa foram observados nos peixes experimentais quando comparados com o controlo, indicando uma natureza genotóxica dos efluentes de curtumes, formando quebras de cadeias de ADN, mas também aductos lábeis alcalinos e outras modificações, que, devido à remoção enzimática de nucleótidos danificados, podem contribuir para um aumento do nível de quebras de cadeias de ADN, tal como observado no fígado e nos tecidos testiculares de *Channa striatus*.

Embora o tema central da revisão esteja relacionado com relatórios *in vivo* envolvendo espécies de peixes, alguns estudos demonstraram danos no ADN in *vitro* em linhas celulares expostas a efluentes de curtumes. Entre eles, Matsumoto *et al*, (2003, 2005) demonstraram a fragmentação do ADN em culturas de células CHO-K1 expostas a um curso de água que recebe efluentes de curtumes contendo crómio a um nível tão baixo como 0,01 mg/L. Por outro lado, Taju *et al*, (2012) relataram o efeito citotóxico do efluente de curtume em três linhas celulares derivadas de tecido ocular, renal e branquial de *E.suratensis* usando múltiplos pontos finais, como o ensaio de Vermelho Neutro (NR), o ensaio de proteína Coomassie Blue (CB) e o ensaio Alamar Blue (AB).

CAPÍTULO 2

Enunciado dos problemas

A caraterização in *vivo* e *in vitro* dos efluentes de curtumes já foi analisada anteriormente, tendo estes estudos indicado que os curtumes têm uma propensão para causar efeitos genotóxicos e/ou aneugénicos em espécies de peixes e linhas celulares em cultura. No entanto, as desvantagens são múltiplas; confiar em técnicas *in vitro* não permite compreender o verdadeiro efeito dos poluentes em termos reais. No entanto, segundo Jha (2004), para ter em conta vias de exposição ambientalmente realistas, o efeito do metabolismo e a eficiência da reparação do ADN, uma avaliação definitiva da genotoxicidade deve basear-se na atividade genotóxica expressa em organismos ecologicamente relevantes. O interesse imediato é avaliar a genotoxicidade dos efluentes industriais e municipais, uma vez que a mistura complexa de efluentes é conhecida pela sua potência genotóxica. É claro que um número considerável de pesquisas foi realizado em peixes para detetar respostas genotóxicas expressas; embora o uso de diferentes origens celulares não seja aderente na caraterização de respostas genotóxicas em peixes, especialmente *O.niloticus*. Por exemplo, a utilização de outras células para além dos eritrócitos periféricos, como as brânquias e os rins, para avaliar as respostas específicas dos tecidos foi escassa. Do mesmo modo, existem relatórios insatisfatórios que indicam a resposta da genotoxicidade como danos no ADN utilizando a eletroforese em gel de célula única (ensaio Comet). Foi confirmado que a indústria de curtumes causa stress oxidativo, devido à presença de crómio e outros metais pesados. A abordagem até agora utilizada na avaliação de biomarcadores de stress oxidativo baseia-se na quantificação de antioxidantes enzimáticos e não enzimáticos, capazes de eliminar espécies reactivas de oxigénio. Outra alternativa a estas técnicas que permite detetar danos oxidativos no ADN é o ensaio cometa modificado, utilizando FPG ou endonucelase III. No entanto, não existe um único relatório envolvendo o ensaio cometa modificado que indique a clivagem oxidativa da fração de ADN de espécies de peixes expostas a efluentes de curtumes.

Na Etiópia, a indústria dos curtumes é conhecida por ser a principal indústria poluente. A indústria tem registado avanços importantes, por exemplo, o número de empresas de curtumes, que eram um punhado há dez anos, aumentou agora para vinte e seis, com mais em formação (ELIA, 2012). De acordo com a EPA (2003), apenas 10% das indústrias existentes costumavam tratar as águas residuais, enquanto a maioria descarrega os seus resíduos em massas de água próximas e em terrenos abertos sem qualquer forma de tratamento. Este facto foi apontado devido à ausência de qualquer limite padrão de aplicação para os proponentes seguirem; embora desde 2003 tenha sido implementado um padrão de poluição que limita a descarga de efluentes de diferentes indústrias, incluindo a indústria de curtumes (Seyoum, 2004). A norma de poluição determina que as indústrias tratem os seus resíduos de modo a que o nível de poluentes se situe dentro de um intervalo permitido (EPA, 2003). Assim, até ao nosso conhecimento, nenhum relatório esclarece a forma como estas normas são formuladas. Até agora, a norma está em prática, onde a agência a está a utilizar para promover a eliminação segura. Em geral, o processo de monitorização engloba a medição dos poluentes predefinidos utilizando diferentes testes analíticos e biológicos. No entanto, entende-se que, na ausência destes poluentes, pode indicar erradamente a ausência de poluentes. Por exemplo, a concentração de crómio, uma parte inerente dos efluentes de curtumes, deve ser descarregada a 1mg/L; no entanto, o efeito tóxico de uma mistura complexa de efluentes com possíveis efeitos sinérgicos, aditivos e antagónicos pode induzir em erro a perceção inicial ou a "ausência de efeito". Apesar disso, sabe-se que os efluentes de fábricas de curtumes causam efeitos genotóxicos em vários organismos, incluindo espécies de peixes, que foram atribuídos à presença de crómio, entre outros. Um bom exemplo desta afirmação é o efeito clastogénico e aneugénico da água contaminada com efluentes de curtumes com 0,01-0,05 mg/L de crómio total, tal como relatado por *Matsumoto et al.*, (2006), em que o limite de descarga no país em questão foi fixado em apenas 0,05 mg/L.

Isto mostra que o método convencional de caraterização de efluentes de curtumes, que se baseia apenas em análises físico-químicas, não pode representar o efeito real do efluente. Em vez disso, foi considerado convincente efetuar ensaios biológicos (bioensaios). Um ensaio *in vivo* e um ensaio *in vitro* que nos permite detetar o potencial genotóxico, teratogénico, mutagénico e carcinogénico dos efluentes estão estabelecidos e têm servido o resto do mundo nos últimos 30 anos. Pelo contrário, a aplicação deste método para testes de toxicidade e avaliação integrada dos riscos na Etiópia é surpreendentemente escassa ou nula. Assim, este trabalho ajudará a colmatar a lacuna existente entre o conhecimento e a prática neste domínio específico.

É evidente que a maior parte dos agentes genotóxicos com tendência para causar lesões em diferentes concentrações varia entre a citotoxicidade aguda e não específica e a sub-letal e a morte. No entanto, o interesse do toxicologista genético é a concentração sub-letal ou sub-tóxica, o potencial dos agentes específicos para interagir com os ácidos nucleicos e produzir alterações nos ácidos nucleicos (Shugart, 1995). Falando de toxicidade específica em toxicologia genética, Hutchinson *et al*, (2009), salientaram que a utilização da concentração máxima tolerável "a concentração mais elevada que provoca um efeito tóxico específico, mas não uma perturbação potencialmente fatal nos animais de ensaio" está a tornar-se uma abordagem imperativa para avaliar biomarcadores toxicológicos específicos, como a toxicidade genética. A MTC é anteriormente designada como uma concentração segura incipiente (Sprague, 1971). Um fator de aplicação fornece um nível seguro que não é conhecido a partir de uma concentração letal mediana. A determinação da concentração segura é calculada multiplicando a concentração letal mediana (CL_{50}) por um fator de aplicação, que é medido em unidades de toxicidade, variando entre 0,01 e 0,4 TU. A seleção de um FA é atribuída com base no julgamento do cientista. Este é um caso em que não existe nenhum trabalho anterior que dite os critérios de seleção. Na maior parte das vezes, 0,1 UT tem sido bastante bem sucedido na eliminação de alguns resíduos quando faltavam informações sólidas. Em termos gerais, não existe um valor único que se adeque a todos os tipos de efluentes. No entanto, foi feita uma recomendação geral com base nas características recalcitrantes e degradáveis dos poluentes. Por exemplo, é atribuído um valor máximo de 0,1 ou 0,05 TU para poluentes não persistentes. Para as substâncias químicas persistentes e os pesticidas, é adequado um valor de 0,1-0,01 TU. Uma estimativa para alguns poluentes, especialmente venenos cumulativos e persistentes e, nomeadamente, para efeitos crónicos ou sub-letais importantes, é tão baixa como 0,01 TU. A sugestão apresentada por Hutchinson *et al*., (2009) é uma extensão desta técnica acima mencionada. Tendo em conta que os efluentes das fábricas de curtumes são constituídos tanto por CQV degradáveis como por compostos clorados recalcitrantes e metais pesados, isto pode fazer com que os efluentes tenham uma natureza complexa quando expostos aos peixes, impedindo a genotoxicidade. Assim, a presente investigação tentou preencher a lacuna na utilização da genotoxicidade no WETT, especialmente a utilização de eritrócitos periféricos esfoliados de diferentes tecidos de *O.niloticus* expostos a MTC de efluentes de curtumes compostos.

2.1. HIPÓTESE

> Ho = Não há diferença significativa nos valores medidos dos parâmetros de genotoxicidade entre o controlo negativo e os grupos de peixes expostos a várias unidades de toxicidade (UT) de efluente de curtume composto (0,01 AF, 0,1 AF e 0,4 AF).

> *HI≠ Existe uma diferença significativa nos valores medidos dos parâmetros de genotoxicidade entre o controlo negativo e os grupos de peixes expostos a várias unidades de toxicidade (UT) de efluentes de curtumes compostos (0,01 AF, 0,1 AF e 0,4 AF).*

> Ho = Não há diferença significativa na intensidade da fragmentação do ADN entre os eritrócitos periféricos, as brânquias, os rins e o fígado de *Oreochromis niloticus* expostos a diferentes UTs (0,01 AF, 0,1 AF e 0,4 AF) de efluentes de curtumes compostos.

> *HI≠ Há diferença significativa na intensidade da fragmentação do DNA entre eritrócitos periféricos, brânquias, rins e fígado de Oreochromis niloticus expostos a diferentes UTs (0,01 AF, 0,1 AF e 0,4 AF) de efluente de curtume composto.*

> H0 = não há diferença significativa na indução de MN entre eritrócitos periféricos, brânquias e rins de *Oreochromis niloticus*, expostos a diferentes UTs (0,01 AF, 0,1 AF e 0,4 AF) de efluente de curtume composto.

> *HI≠ há diferença significativa na indução de MN entre eritrócitos periféricos, brânquias e rins de Oreochromis niloticus, expostos a diferentes UTs (0,01 AF, 0,1 AF e 0,4 AF) de efluente de curtume composto.*

> H0= não existe uma correlação significativa entre a indução de aberrações celulares e nucleares em eritrócitos periféricos de *Oreochromis niloticus* expostos a várias UT de efluentes de curtumes compostos.

> *HI* ≠ existe uma correlação significativa entre a indução de aberração celular e aberração nuclear em eritrócitos periféricos de *Oreochromis niloticus* expostos a várias UTs de efluente de curtume composto.

CAPÍTULO 3

OBJECTIVOS DO ESTUDO

Objetivo geral: O objetivo geral da presente modelação experimental é aplicar a técnica de ensaio biológico como ferramenta de teste de toxicidade para avaliar a indução de biomarcadores genotóxicos e citotóxicos na espécie de teste, *Oreochromis niloticus,* quando exposta *in vivo* a concentrações máximas toleráveis (MTCs) de efluente composto da fábrica de curtumes de Modjo (CMTE).

Objectivos específicos:

1. Avaliar a indução de micronúcleos (MN) em eritrócitos periféricos e células esfoliadas de brânquias e rins de *O.niloticus* expostos a CTMs de CMTE e comparar a sensibilidade de cada origem celular à indução de MN;

2. Avaliar a indução de anomalias nucleares (NA) em eritrócitos periféricos de *O.niloticus,* expostos *in vivo* a CTMs de CMTE e avaliar a correlação de cada anomalia com a MN induzida;

3. Investigar a fragmentação de cadeias de ADN em células periféricas de eritrócitos, brânquias, rins e fígado de *O.niloticus e comparar a sensibilidade da resposta entre elas* quando expostas *in vivo* a CTM de CMTE;

4. Investigar e comparar a expressão de sítios de purinas oxidadas (sítios sensíveis à FPG) no ADN de células esfoliadas de tecidos hepáticos e renais de *O.niloticus* quando expostas *in vivo* a CTM do CMTE;

5. Enunciar a essência do ensaio biológico (ensaio de genotoxicidade) na avaliação da validade da Norma de Poluição da Etiópia, especificamente a da descarga de efluentes de curtumes limite.

CAPÍTULO 4

MATEIAIS e MÉTODOS

4.1. Objeto de estudo: *Oreochromis niloticus*

Oreochromis Niloticus (Linnaeus, 1758), Tilápia do Nilo, nome local "Korosso", Família Cichlidae é um peixe de águas interiores que habita a zona litoral dos lagos, principalmente até 5 metros de profundidade. Tem uma vasta gama de distribuição desde cerca de 8° sul até 32° norte, e até 6000 pés de altitude. A Tilápia do Nilo tem uma ampla gama de tolerância à salinidade, desde a água doce até à água salobra no Delta do Nilo, e está disseminada em muitos lagos e rios africanos. Alimenta-se principalmente de plâncton e de algas, mas a sua alimentação varia consoante as condições e o habitat. Na Etiópia, o "Korosso" é o peixe mais comum e popular, encontrando-se na maioria dos lagos e sistemas fluviais importantes, sendo capturado em grandes quantidades. Contribui significativamente para o rendimento e o abastecimento alimentar da comunidade rural e é o segundo peixe mais preferido no mercado, a seguir à perca do Nilo (http://ethiopia-stamps.com/wp-content/uploads/20010726-Freshwater-Fishes-of-Ethiopia.pdf).

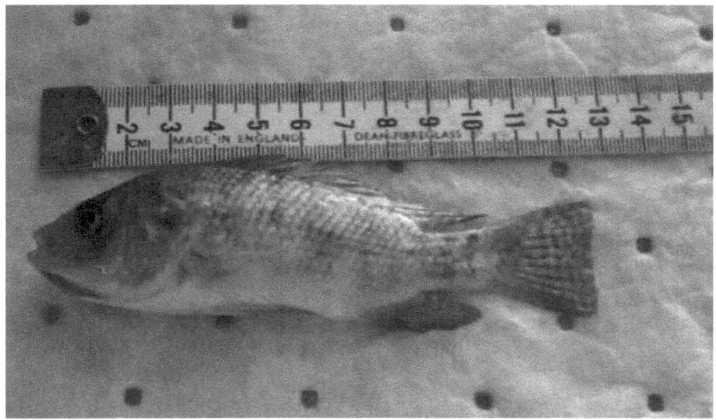

Figura 4.1. Um *O.niloticus* típico utilizado de forma consistente para toda a experiência, cada um com um comprimento médio de 12,75÷0,96 e um peso corporal médio de 30,37÷2,77 gramas.

4.2. Local de amostragem de águas residuais

A fim de caraterizar a genotoxicidade de um efluente composto de uma fábrica de curtumes na Etiópia, a Modjo Tannery Share Company (MTSC) foi selecionada como local de amostragem. A fábrica de curtumes transforma pele e couros em couro aplicando as técnicas acima descritas. A empresa situa-se na cidade de Modjo, 75 km a sul de Adis Abeba. Tem uma capacidade anual de processamento de 844.000 peles de ovelha e 1.656.000 peles de cabra e descarrega 3.500-5.500 m3/dia de efluentes no rio Modjo (Seyoum Leta *et al.*, 2004).

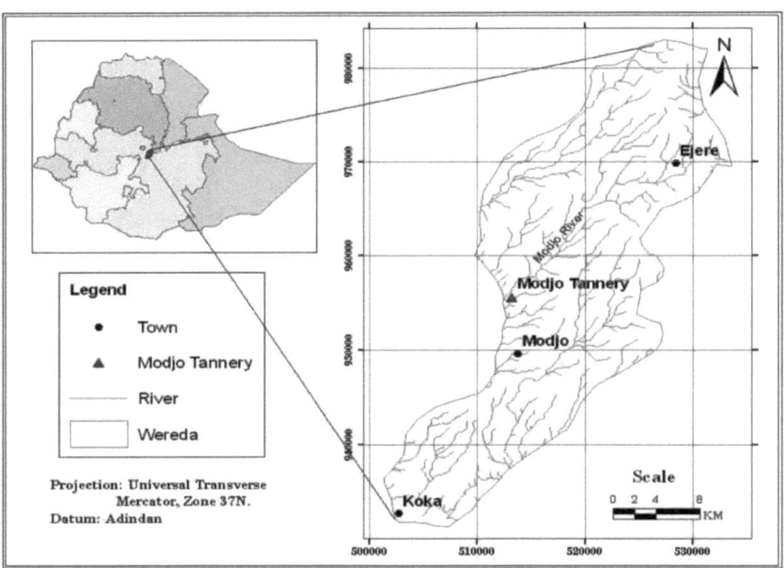

Figura 4.2. Mapa esquemático da zona de amostragem

4.3. Recolha e armazenagem de águas residuais

Os efluentes da MTSC são libertados a partir de instalações separadas da indústria, mas não surgem como um efluente composto; em vez disso, os efluentes são segregados em três valas, que conduzem a sistemas de tratamento separados. A primeira vala destina-se ao efluente geral, a segunda é utilizada para a descarga de efluentes enriquecidos com sulfureto e a última é utilizada para transferir a lavagem de crómio gasta para o sistema de tratamento físico-químico. Aplicando a técnica de amostragem composta, foram recolhidas três amostras de cada uma das entradas das três valas em recipientes de plástico de 10 L separados. As amostras foram depois transportadas para o laboratório e mantidas a 4º C para a avaliação da exposição. Antes de se iniciar a avaliação da exposição, foi estimado um volume proporcional de cada vala, que foi considerado como sendo 48% de resíduos gerais, 32% de resíduos de sulfureto e 20% de lavagem gasta de crómio. Com base neste rácio, foi preparada uma mistura num frasco de 5 L e utilizada para os estudos de exposição subsequentes.

Figura 4.3. Preparação da mistura de efluentes da Fábrica de Curtumes de Modjo, evitando o cheiro pungente durante o vazamento.

4.4. Manutenção e transporte de peixes

A espécie de ensaio, *Oreochromis niloticus*, utilizada no presente estudo experimental, foi escolhida com base nos critérios de seleção recomendados pela OCDE, (1992) e pela EPA, (2002). Os critérios de seleção incluíam os seguintes pontos: aparência saudável, comportamento normal, boa alimentação e baixa mortalidade nas culturas, durante a exploração e nos controlos de ensaio EPA, (2002). Foram também considerados a disponibilidade ao longo do ano, a facilidade de manutenção, a conveniência dos testes e quaisquer factores económicos, biológicos ou ecológicos relevantes. Os espécimes de peixes saudáveis foram gentilmente fornecidos pelo Ethiopian Fishery Research Institute. As espécies testadas, cada uma com um comprimento médio de 12,75 ± 0,96 (cm?) e um peso corporal médio de 30,37 ± 2,77 gramas, foram transportadas para o laboratório num grande saco de plástico meio cheio com água de poço e ar comprimido. Antes do experimento, os peixes foram aclimatados por 14 dias em aquário de vidro (89 L de capacidade) contendo água de poço. Durante a aclimatação, as características físico-químicas do ambiente de ensaio foram mantidas a Temperatura $= 27\pm0,70°$ C, pH $= 7,1\pm0,24$, Oxigénio dissolvido $= 3,80\pm1.13$, Dureza total $= 6\text{-}49$ mg/L (como $CaCO3$), e Condutividade $= 12\text{-}97\mu$ S/cm, foto período de 12 hr /12 hr claro/escuro e para evitar possível contaminação por cloro, a água do poço foi aerada por 24 horas antes da imersão das espécies-teste. Os peixes foram alimentados com farelo de trigo no valor de 3% do seu peso corporal.

4.5. Instalação experimental

A genotoxicidade do efluente de curtume composto foi medida na concentração máxima tolerável (MTC) ou na concentração segura. Tal como definido por Hutchinson *et al*, 2009, a MTC "é a concentração mais elevada que provoca um efeito tóxico específico, mas não uma perturbação potencialmente fatal nos animais testados". Assim, para analisar a resposta genotóxica em *O.niloticus*, a MTC foi determinada a partir de estudos preliminares consecutivos. Para o efeito, foram consultadas as técnicas de Sprague, (1971) e Hutchinson *et al*, (2009). O método seguiu duas partes principais: primeiro, um estudo definitivo de toxicidade aguda em cinco níveis de concentração

Figura 4. 4. Amostragem de *Oreochromis niloticus* saudável do centro etíope de investigação das pescas e de outros animais aquáticos, Sebeta, Oromiya.

Figura 4.5. *O.niloticus* saudável num aquário de aclimatação, totalmente equipado com um aparelho de arejamento e um regulador de temperatura.

foi efectuada para definir a concentração letal mediana, uma concentração que era letal para metade dos

das espécies testadas foi calculada utilizando um software online chamado LdP (http://www.ehabsoft.com/ldpline/) e, subsequentemente, aplicando três factores de aplicação diferentes, foi determinada a concentração biologicamente segura. Finalmente, foi efectuada a genotoxicidade em todo o organismo, utilizando 0,06%, 0,6% e 2,4% de efluente de curtume composto. Seguiu-se a análise citogenotóxica no sangue periférico, nas brânquias e nas células dos rins e do fígado das espécies testadas. Os ensaios utilizados para este fim foram o ensaio MN e a eletroforese em gel de célula única (ensaio Comet). Foi também efectuada uma análise físico-química selecionada do efluente de ensaio.

4.5.1. Estabelecimento do MTC ("concentração segura")

O ensaio definitivo de toxicidade aguda foi efectuado de acordo com a EPA, (2002). Antes do teste definitivo, foi efectuado um teste de determinação da gama de concentrações. Devido à falta de literatura anterior que dite uma gama de concentrações para a toxicidade aguda do efluente composto da fábrica de curtumes de Modjo, foi efectuado um estudo de reconhecimento da gama. O estudo de reconhecimento não foi realizado na sua escala total, mas em duas concentrações mais baixas seleccionadas aleatoriamente, 2% e 3% de concentração de efluente. Para realçar a forma como a gama de concentrações foi determinada, é aqui relatado o teste experimental numa concentração de 3% de efluente. Durante o ensaio de reconhecimento, os peixes que habitavam a concentração de 3% apresentaram uma cor de pele castanha escura, quando comparados com o grupo de controlo. Às 72 horas do período de exposição a motilidade dos peixes diminuiu, tendendo a mostrar um movimento vertical, o que pode ser um sinal de fome ou depleção de oxigénio. Por outro lado, os peixes mostraram um comportamento de predação e, no final das 72 horas, estagnaram no fundo do aquário. Como resultado, entendeu-se que uma concentração de efluente superior a 3% poderia provocar mortalidade ou efeitos adversos para a saúde; assim, 2% foi considerado como a concentração mais baixa de efluente. Com factores de 0,5, foram identificadas as restantes concentrações de ensaio. As concentrações de teste são 2%, 4%, 8%, 16% e 32% de CTE e água de poço sem cloro como grupo de controlo.

Figura 4.6. Instalação experimental, durante o ensaio de toxicidade aguda definitiva, medindo o pH do efluente do ensaio.

Em 6 aquários, cada um com capacidade para 32 litros de solução, os gradientes de concentração foram preparados e equipados com reguladores de temperatura e aparelhos de aeração. Foram seleccionados dez peixes por tratamento, com um comprimento corporal médio de 12,75±0,96 e um peso corporal médio de 30,37±2,77 gramas, que foram alimentados *ad libitum* 24 horas antes do início da experiência. A exposição foi realizada durante 96 horas e a mortalidade foi registada às 6, 24, 48, 72 e 96 horas do período de exposição. As espécies de ensaio foram consideradas mortas se não apresentassem qualquer movimento visível (por exemplo, movimento das guelras), nem reação à sondagem e ao toque do pedúnculo caudal. Além disso, foram registadas observações comportamentais como a perda de equilíbrio, padrões de natação erráticos, aumento da excitabilidade, letargia, alteração da cor da pele, produção excessiva de muco, hiper ventilação, olhos opacos, espinhas curvadas e hemorragia. Além disso, as soluções de teste foram testadas periodicamente quanto ao pH, ao oxigénio dissolvido e à temperatura, e foram registadas. O ensaio foi realizado num sistema de exposição semi-estático, em que a solução de ensaio foi sifonada de 48 em 48 horas; isto ajudou a evitar que factores de confusão, como os resíduos metabólicos dos animais de ensaio, interferissem com os resultados da experiência. O ensaio foi efectuado em triplicado. Após o estudo de exposição ao ensaio, a concentração letal mediana de 96 horas foi determinada utilizando

53

um software de computador probit, modelo não linear concebido para o efeito, denominado LdP.

Foram utilizados três factores de aplicação, 0,01, 0,1 e 0,4 TU, para calcular a MTC (*MTC = 96 hr*

LC50 X AF (medida em TU (unidade de toxicidade)). Antes do ensaio de genotoxicidade, as

concentrações incipientes de MTC foram testadas quanto à sua capacidade de provocar mortalidade

e/ou alterações comportamentais; para nosso benefício, nenhum dos efeitos se manifestou.

Finalmente, a experiência atual foi realizada em três gamas de concentrações de efluentes: 0,06%,

0,6% e 2,4%.

Figura 4.7. Dissecção de *O.niloticus* para obtenção do fígado, dos rins e das brânquias para posterior isolamento do ADN.

4.5.2. Preparação da suspensão celular

Os órgãos foram excisados e cortados separadamente 10X em 0,2 ml de HBSS 1 (solução salina

equilibrada de Hank) fria, utilizando duas lâminas afiadas num movimento semelhante a uma

tesoura numa placa de Petri. Seguiu-se a lavagem dos tecidos cortados num tubo de centrifugação

de 15 ml, adicionaram-se mais 2,5 ml de HBSS1 e 0,31 ml de tripsina (concentração final, 0,05%;

1000mOSml-1). A mistura foi incubada suavemente durante 5 minutos a 37° C. Para evitar danos

ao DNA induzidos pela tripsina, 375 µL de solução de inibidor de tripsina (0,05% (w/v)) foram

adicionados e deixados em repouso por 10 minutos. Além disso, foram adicionados 10ML de HBSS

2 e centrifugados a 800Xg durante 5 minutos. O sobrenadante foi descartado e o pellet foi

ressuspendido em 0,5 mL de HBSS 2. Finalmente, usando o método de exclusão de azul de tripano, o teste de viabilidade celular foi realizado.

4.6. Métodos citogenéticos

4.6.1. Sangue e tecidos de peixes, recolha e conservação

Foram retirados cerca de 0,3 cc de sangue de cada peixe por punção cardíaca com uma seringa heparnizada e recolhidos num tubo com EDTA. Diluíram-se 10 µL de sangue total em 1000 µL de soro fetal de bovino. O sangue diluído foi testado quanto à viabilidade celular utilizando o teste de exclusão do azul de tripano. Seguiu-se o ensaio do cometa. Subsequentemente, os peixes foram dissecados e os tecidos das brânquias, dos rins e do fígado foram retirados e conservados em tampão citrato (sacarose 250 mM, citrato trissódico, 40 mM, e pH 7,6) com 10% de DMSO. Em seguida, os tecidos foram armazenados num congelador profundo a -80° C para o ensaio de danos no ADN.

4.6.2. Teste de exclusão do azul de Tripan

O teste de viabilidade celular foi efectuado pelo método de exclusão do azul de tripano (Anderson *et al*,

1994). Misturou-se uma proporção de 1:10 de sangue e azul de tripano. Foram adicionados 10µL da mistura resultante em

para um hemocitómetro (Neubauer®) coberto com uma lamela. A mistura foi posteriormente observada ao microscópio; as células mortas absorveram a coloração azul, enquanto as células viáveis apresentavam núcleos amarelo-pálido. As amostras de sangue que apresentavam uma viabilidade superior a 83% e as suspensões de células de tecido esfoliado com uma viabilidade superior a 80% foram colhidas para a eletroforese de células individuais ou para o ensaio cometa. A percentagem de viabilidade celular foi calculada da seguinte forma.

% Viability = Number of Unstained cells X 100
$$\overline{\hspace{4cm}}$$
Total number of cells

4.6.3. Ensaio Comet (ensaio de eletroforese em gel de célula única)

Tal como descrito na secção 5.4.1/2 foi utilizado sangue total diluído em soro fetal bovino e suspensões celulares para o ensaio cometa. O ensaio cometa foi realizado de acordo com Singh, (?), com pequenas modificações. Lâminas de microscópio semi-foscas foram revestidas com 0,5% (w/v) de NMPA a 37° C e secas em gabinete de biossegurança por 24 horas. Alíquotas de 10 µL de eritrócitos periféricos e 30 µL de células esfoliadas dos tecidos foram misturadas com 75 e 70 µL de LMPA em tubos epindorf, respetivamente. A mistura foi sifonada com micropipetas e colocada na lâmina pré-revestida e a lâmina foi incubada a 4° C durante 15 minutos e o procedimento foi repetido novamente com a adição de 75 e 70 µL de LMPA ao sangue periférico e à suspensão de células contendo lâminas revestidas e incubadas durante 15 minutos, seguindo-se o procedimento de lise. As lâminas revestidas foram imersas em tampão de lise (10 mMTris, -8 g de NaOH e 10 mL de 1% (w/v) de solução de lauril sarcosinato de sódio mais 1 mL de Triton X-100, 10 mL de DMSO e 89 mL de solução de lise pH 10 contendo 2,5 M NaCl, 100 mM EDTA, 10 mM Tris e -8 g de NaOH) 4° C durante 1 hora. Durante a lise, para evitar a penetração dos raios UV, a coloração foi coberta com folha de alumínio. Depois de terminada a lise, as lâminas foram incubadas em tampão refrigerado 300 mM NaOH + 1 mM EDTA (pH >13) durante 30 minutos para desnaturar e desenrolar o ADN e submetidas a eletroforese 0,8 V/cm durante 20 minutos. Quando a eletroforese terminou, as lâminas foram neutralizadas com Tris 0,4 M durante 15 minutos e fixadas em etanol durante 3 minutos. As lâminas foram armazenadas numa caixa de lâminas até estarem prontas para a obtenção de imagens ao microscópio. Para cada espécie de teste, foram preparadas 2 lâminas e coradas com brometo de etídio (0,02 mg mL-1) e um total de 50 núcleos por lâmina, um total de 100 núcleos por amostra de sangue, foram analisados no microscópio de fluorescência Olympus com uma ampliação de 40X da lente objetiva. Cada imagem visualizada ao microscópio foi posteriormente analisada quanto à intensidade da fragmentação do ADN utilizando um software de análise de imagens em linha denominado Casp.

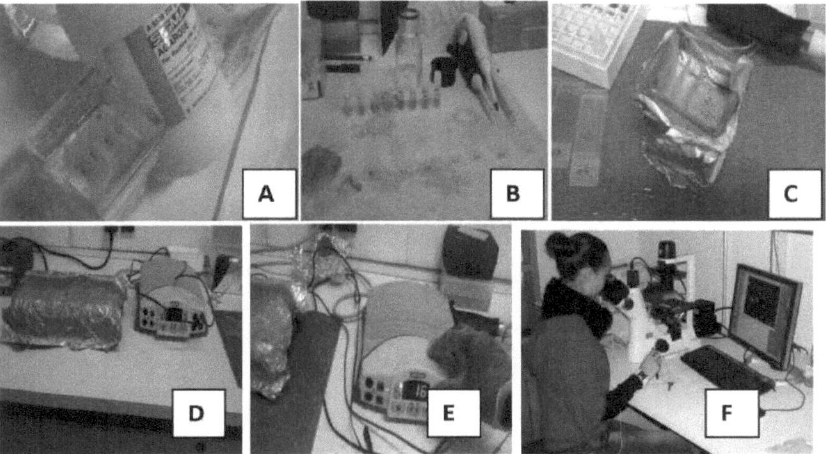

Figura 4. 8. Representação pictórica do ensaio cometa. A- Pré-revestimento de lâminas com agarose, B- Revestimento da amostra de sangue em lâminas com agarose, C- Lise, D- Desenrolamento, a eletroforese foi revestida com folha de alumínio para evitar danos no ADN por penetração da luz, E- Eletroforese, F- Pontuação do ADN danificado.

4.6.4. Ensaio Comet modificado (ensaio de eletroforese em gel de célula única)

Este procedimento é a continuação do ensaio padrão, logo após a solidificação das lâminas na placa refrigerada. Assim, as lamelas foram cuidadosamente removidas e as lâminas de microscópio foram imersas num frasco de coplin coberto com folha de alumínio contendo a solução de lise durante 1 hora a 4° C. Após a lise, as lâminas foram lavadas em tampão de neutralização e lavadas 3 vezes em tampão enzimático durante 5 minutos. Adicionou-se FPG ou apenas tampão enzimático a cada microgel e as lâminas foram incubadas a 37° C durante 30 minutos. Seguiram-se os procedimentos de desenrolamento, eletroforese e neutralização.

4.6.4.1. Análise de imagens de danos no ADN

As lâminas foram examinadas num microscópio de fluorescência, Olympus BX51 Fluorescence Microscope, equipado com uma câmara CCD (Nikon Cool Pix 99F). Foram examinadas aleatoriamente 100 células por cada lâmina. As imagens do cometa foram captadas pela câmara, transferidas para o computador e analisadas. Para comparar a extensão dos danos no ADN em diferentes amostras, as imagens do cometa foram analisadas utilizando um software: Computer Assay Software Project (CASP, versão 1.2.2), desenvolvido por Konca et al. (2003). O software CASP foi descarregado de http://www.casp.of.pl. Os valores limiares dos parâmetros CASP foram ajustados para obter os valores óptimos para o protocolo de coloração. Os parâmetros seleccionados foram: Limiar do centro da cabeça (HCT) = 0,999, Limiar do cometa (CT) = 0,005, Limiar da cabeça (HT) = 0,05, Limiar da cauda (TT) = 0,05 e perfil 1.

Os seguintes parâmetros do cometa foram analisados pelo CASP: Comprimento da cabeça e da cauda do cometa e comprimento total do cometa (em pixels), % de ADN na cabeça e na cauda do cometa, momento da cauda (unidades arbitrárias) e momento da cauda de azeitona (unidades arbitrárias). O momento da cauda olivácea

(OTM) é [percentagem de ADN na cauda] x [distância entre o centro de gravidade do ADN na cauda e o centro de gravidade do ADN na cabeça na direção x].

4.6.5. Teste de micronúcleos e de anomalias nucleares

4.6.5.1. Eritrócitos do sangue e dos rins

Para diagnosticar aberrações celulares nas espécies de peixes expostas e não expostas, foram colhidas amostras de sangue total num tubo com EDTA e de sangue renal num tubo capilar, tendo sido preparados dois esfregaços finos por amostra de sangue em lâminas de microscópio separadas e secas ao ar durante 24 horas. Além disso, as lâminas foram fixadas em metanol absoluto durante 5 minutos e coradas com Giemsa a 5% durante 15 minutos. Um total de 2000 células por cada animal foi observado num microscópio de ampliação de 1000. As lâminas foram codificadas e analisadas aleatoriamente por um único observador. O objetivo da pontuação foi identificar as aberrações celulares que se manifestam com MN e NA. Os critérios de pontuação foram adoptados de Carrasco, (1990) & Arkhipchuk (2005), os critérios para a identificação de MN foram os seguintes (a) os MN têm de ser mais pequenos do que um terço dos núcleos principais, (b) os MN estão claramente separados dos núcleos principais, e (c) os MN têm de estar no mesmo plano de focagem e as células com mais de 4 MN foram descartadas para excluir fenómenos apoptóticos. Além disso, os NAs também foram classificados e pontuados da seguinte forma. Resumidamente, as células com dois núcleos foram consideradas como binúcleos (BN). Os núcleos com blebbed (BL) apresentam uma evaginação relativamente pequena da membrana nuclear, que contém eucromatina. As evaginações maiores do que os núcleos com lóbulos, que podem ter vários lóbulos, são classificadas como núcleos lobados (LB). Os núcleos com vacúolos e uma profundidade apreciável num núcleo que não contém material nuclear foram registados como núcleos entalhados (NT)

4.6.5.2.   *Células epiteliais branquiais*

O processamento das brânquias e a pontuação para MN induzida em células branquiais de *O. niloticus* foram realizados de acordo com Ca\as & Ergene-Gozukara, (2003b). As brânquias foram removidas e tratadas com uma solução de ácido acético a 15% durante 10 min. As células epiteliais foram então raspadas suavemente dos arcos branquiais com uma pinça. As células livres foram recolhidas por centrifugação e tratadas com água destilada durante 10 minutos. As células foram então fixadas em três mudanças sucessivas de solução de metanol-ácido acético (3:1) recentemente preparada. As células fixadas foram espalhadas em lâminas limpas e coradas com solução de Giemsa a 5% durante 30 minutos. Apenas as células epiteliais isoladas das células circundantes foram marcadas. Os micronúcleos foram determinados como pequenos núcleos não refractivos (>1/30 do núcleo principal) situados perto do núcleo principal.

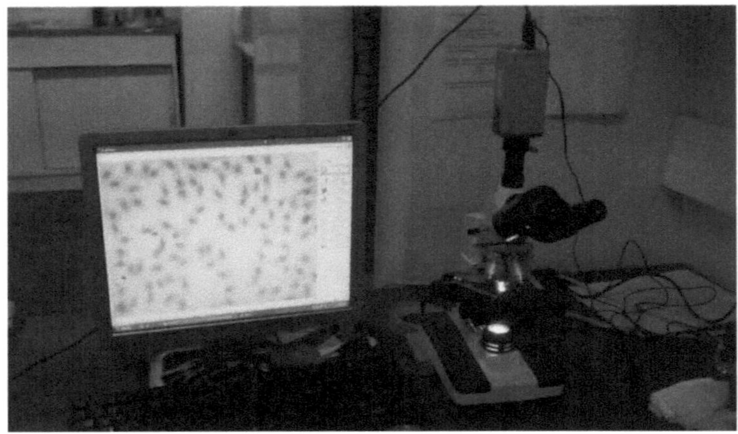

Figura 4.9. Microscópio de luz acoplado a computador para analisar a indução de aberrações celulares.

4.7. Análise de amostras de água

Os níveis de cádmio, chumbo, zinco, crómio, cobre, níquel, cobalto e Fe foram determinados por espetrometria de absorção atómica de acordo com a APHA (1998). Imediatamente após a recolha, as amostras de água foram acidificadas. As amostras foram então submetidas a digestão ácida e a subsequente quantificação da concentração dos metais foi realizada num espetrómetro de absorção atómica (Nova 400A).

4.8. Análise de dados

A fim de decidir se é necessário um teste paramétrico ou um teste não paramétrico, foi aplicado um teste de normalidade, o teste de Kolmogorov-Smirnov. Aparentemente, os testes tinham uma distribuição normal e foi aplicado um teste paramétrico. Para comparar as médias da resposta genotóxica, foi utilizada uma ANOVA unidirecional. Além disso, para analisar as variações entre as concentrações de ensaio e as respostas específicas dos tecidos, foi utilizado um teste de comparação post hoc (Tukey HSD e Games-Howell). Além disso, foi aplicado um teste de amostras independentes para comparar as médias das respostas genotóxicas ao longo do gradiente de concentração.

CAPÍTULO 5

RESULTADOS EXPERIMENTAIS

5.1. Características físico-químicas do efluente de curtume composto

A análise físico-química do efluente composto da fábrica de curtumes de Modjo foi analisada utilizando um protocolo normalizado e o resultado é apresentado na Tabela 5.1. Assim, foram quantificados metais como o crómio, o cádmio, o cobre e o ferro. O resultado mostra que foi detectada uma concentração significativa de crómio em todos os grupos de tratamento, quando comparados com o controlo (Tabela 5.1). As concentrações de metais aumentaram à medida que o fator de aplicação (FA) aumentou. Verificou-se que a concentração de crómio era inferior à norma etíope para o crómio em efluentes de curtumes em todas as amostras de tratamento. Infelizmente, a norma não especificou um limite para os restantes elementos; por conseguinte, não foi efectuada uma comparação, embora a sua importância na avaliação subsequente da resposta genotóxica não tenha sido ignorada.

Tabela 5.1. Níveis de metais pesados presentes no CMTE, analisados por AAS.

Physicochemical parameter	Concentration in mg/L			
	0.01AF	0.1A.F	0.4 A.F	96hr LC50
pH	7.28	7.20	7.16	-
Cd	0.22	0.23	0.43	0.89
Co	0.03	0.10	0.12	0.26
Cr	0.1	0.73	1.27	7.28
Cu	0.01	0.09	0.30	0.71
Fe	0.85	1.20	1.30	2.55
Ni	0.06	0.30	1.12	3.21
Pb	0.18	0.22	0.42	0.92
Zn	0.01	0.40	0.47	1.18

5.2. Narração sobre o ensaio de toxicidade aguda e a estimativa do MTC

A toxicidade definitiva utilizada para estabelecer o MTC foi efectuada durante 96 horas, em cinco gamas de concentrações de efluentes compostos. Um teste de determinação da gama de concentrações, de acordo com a EPA (2002), revelou que 2% do efluente era a gama inferior definitiva da toxicidade aguda. Em seguida, a toxicidade definitiva foi efectuada em cinco concentrações de efluente igualmente espaçadas (isto é, 2%, 4%, 8%, 16% e 32%). Os valores obtidos para as alterações letais e comportamentais são apresentados na Tabela (?) e na Tabela (?), respetivamente. A taxa de mortalidade, como mostra a Tabela (?), foi maior na concentração mais alta. Além disso, a resposta ao teste aumentou em função do tempo e da concentração. A letalidade média de *O.niloticus* exposto a efluentes de curtumes compostos foi de 6,09%. Embora nesta altura o interesse final seja calcular a "concentração segura", é também altamente imperativo avaliar a indução de vários biomarcadores comportamentais que desencadearam o início dos períodos de ensaio. Foi registada uma resposta letal imediata no grupo de peixes imersos em 16 e 32% de efluente. Mesmo nas duas últimas concentrações mais elevadas, 8% do efluente provocou um resultado considerável logo a partir das 6 horas do período de ensaio. A resposta comportamental que varia entre a concentração do teste e o tempo de exposição é demonstrada na Tabela (?). Para começar, a resposta comum em todas as gamas de concentração, uma mudança de cor, um padrão de movimento vertical, natação errática, interrupção da escolaridade e hiperatividade foram observados. Especificamente falando, as respostas persistiram por 1 a 2 horas de exposição, para o grupo de espécies-teste que residiam em concentrações mais baixas de efluente, e depois as alterações foram restauradas. Mas a resposta a efluentes mais elevados persistiu durante três a quatro horas. Após 2 horas, as espécies-teste a 2% apresentavam um comportamento normal, exceto a alteração da cor da pele, que persistiu até 48 horas após o período de exposição, mas depois foi restaurada para se assemelhar ao grupo de controlo. A mudança comportamental nas três últimas concentrações exibiu uma resposta diferente, para mencionar algumas, produção excessiva de muco, perda de equilíbrio, coluna vertebral curvada, predação, hemorragia e um padrão de natação errático e letargia foram registados. A última observação foi melhor explicada pela reação de alguns dos peixes ao aglomerarem-se no fundo do aquário. A concentração letal que é capaz de matar 50% das espécies testadas foi registada como sendo de 6,09%. Assim, aplicando diferentes unidades de toxicidade recomendadas em Sparague, (1971), foram aplicados três factores de aplicação e foram derivadas concentrações de efluentes de 0,06%, 0,6% e 2,4% de concentrações seguras incipientes. Para verificar se estas gamas são capazes de causar qualquer efeito letal ou carga corporal, foi efectuado outro teste de toxicidade. Surpreendentemente, não se registou qualquer mortalidade nem alterações comportamentais. Embora, tal como observado no ensaio de toxicidade definitivo, tenham sido desencadeadas algumas alterações prévias, como a mudança de cor, a hiperatividade, o movimento errático de natação durante cerca de 15 minutos, a hiperatividade persistiu durante mais cerca de 5 minutos, mas a escolaridade foi perturbada até às 3 horas de exposição, tendo sido restabelecida em seguida. Um ponto importante a mencionar aqui é que estas alterações observadas persistiram durante mais tempo quando comparadas com os dois rácios de efluentes inferiores. Em termos gerais, durante 96 horas de testes de toxicidade letal, as espécies testadas mostraram sinais de alterações comportamentais e morfológicas quando comparadas com o seu grupo de controlo negativo específico. Pelo contrário, os peixes expostos ao MTC do efluente mostraram uma diferença insignificante quando comparados com o grupo de controlo.

Quadro 5.2. Concentrações seguras derivadas da LC_{50} de 96 horas de efluentes de curtumes compostos

96 hour LC$_{50}$ (%)	AF*	**MTC (%)	Effluent / Well water (mL/L)
	0.01	0.06	0.63
6.09	0.1	0.60	6.0
	0.4	2.40	24.0

*AF, Application Factor **MTC (Maximum tolerable safe concentrations). Safe concentration = 96 hr LC$_{50}$ X AF (measured in TU (toxicity unit))*

Quadro 5. 3. Análise Probit da experiência de toxicidade aguda LC$_{50}$ de 96 horas

Effluent concentration %	Log (Conc %)	Total test Fishes	Observed Mortality response %	Linear response %	Linear probit
2	0.30	30	3.45	5.96	3.44
4	0.60	30	34.50	27.83	4.41
8	0.90	30	62.10	64.90	5.40
16	1.20	30	89.70	91.20	6.40
32	1.51	30	99.66	99.00	7.32

Quadro 5. 4. Concentrações letais de efluentes de curtumes compostos

Lethal concentration (LC)	Concentration%	Lower limit %	Upper limit %
25	3.76	2.83	4.63
50	6.09	4.98	7.40
75	9.86	8.07	12.90
90	15.22	11.85	22.26
95	19.74	14.75	31.25
99	32.13	22.02	59.60

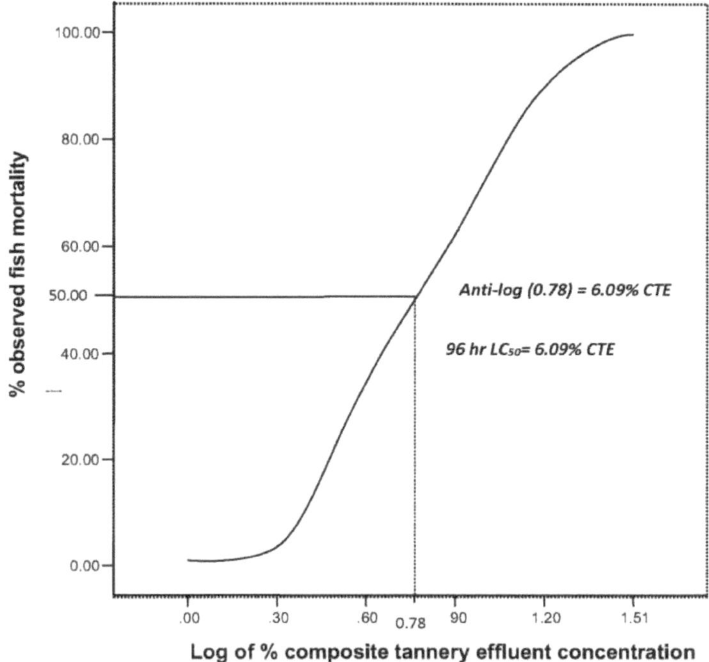

Figura 5.1. Curva sigmoide para o teste de toxicidade aguda para estimar a CL_{50} de 96 horas - uma concentração capaz de matar 50% das espécies testadas.

5.3. Micronúcleos em *O. niloticus*

Os valores obtidos para a análise de MN em células de eritrócitos, brânquias e rins de *O.niloticus* são apresentados na Tabela 5.5. A indução de MN em eritrócitos, brânquias e células renais de *O.niloticus* expostos a três níveis de MTCs do efluente composto da fábrica de curtumes do Modjo demonstrou uma diferença significativa ($P < 0,05$) quando comparada com o grupo não exposto; a diferença foi específica do tecido e dependente da concentração. Nas células branquiais, a frequência de MN aumentou de forma dependente da concentração, apresentando uma diferença significativa ($P < 0,05$) entre as concentrações de ensaio. Da mesma forma, o aumento da frequência de MN dependente da concentração também foi observado nos eritrócitos periféricos, mas a diferença entre os grupos de tratamento médio (0,6%) e superior (2,4%) foi considerada insignificante ($P < 0,05$). Apesar de ter sido registado um aumento significativo em comparação com o grupo de controlo, as células renais apresentam uma associação comparativamente fraca entre a concentração e a frequência de MN. Isto deveu-se a uma menor frequência registada na concentração média (0,6%) quando comparada com a concentração mais baixa de efluentes (0,06%). Além disso, verificou-se que o coeficiente de correlação (r) era significativo (p < 0,01) para as brânquias (r = 95) e para os eritrócitos periféricos (r = 86), ao passo que a p < 0,05 foi registada uma consequência moderada para as células renais (r = 54).

Em termos não técnicos, foi detectada uma toxicidade específica (ou seja, aberração celular) em células eritrocitárias periféricas, branquiais e renais de *O.niloticus* expostas a CTM de efluentes de curtumes compostos. Assim, as células branquiais foram consideradas as mais afectadas, seguidas dos eritrócitos periféricos e das células renais. Um coeficiente de correlação positivo registado para todos os tipos de células também indica que uma concentração mais elevada induz uma frequência mais elevada de MN, denotando um aumento dependente da concentração de MN induzido. Verificou-se que esta interdependência era mais elevada nas células branquiais, seguida dos eritrócitos periféricos, tendo sido detectada uma associação fraca nas células renais.

Tabela 5.5. Frequência média de MN em eritrócitos periféricos, brânquias e células renais de *O.niloticus* expostos durante 72 horas a três níveis de MTC de efluentes de curtumes compostos.

Treatment groups	*Cells scored	MN frequency (%)		
		Erythrocyte	Gill	Kidney
NC	4,000	0.03±0.03	0.06±0.03	0.03 ±0.04
0.06%	4,000	0.49±0.07 [a,b]	0.71±0.12 [a,b]	0.44±0.05 [a b]
0.6%	4,000	1.23±0.43 [a]	1.61±0.22 [a,b]	0.35±0.06 [a,b]
2.4%	4,000	2.08±0.87 [a,b]	3.50±0.52 [a,b]	0.48±0.14 [a,b]

[a] *indica uma diferença significativa (P < 0,05) entre a frequência média de MN % dos grupos de tratamento em relação ao controlo negativo.* [b] *indica uma diferença significativa (P < 0,05) entre a frequência média de MN % dos grupos de tratamento.* **Duas lâminas por amostra de sangue, em cada lâmina são marcadas 2000 células, ou seja, 4000 por peixe.*

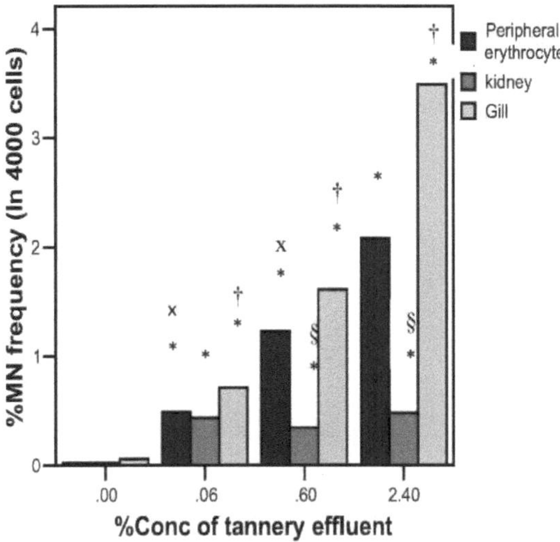

Figura 5.2. Um gráfico de barras representando a frequência de %MN em todos os tecidos em relação à concentração de efluente de curtume composto. *Uma diferença significativa (P <0,05) entre os grupos de tratamento e o grupo de controlo negativo. · uma diferença significativa (P <0,05) na célula branquial entre as concentrações de tratamento. X, a indução de MN no eritrócito periférico entre as concentrações de tratamento médio e superior é estatisticamente (P < 0,05) insignificante. §, o índice de correlação nas células renais é relativamente mais baixo do que os outros devido a uma menor frequência de MN na concentração média de tratamento do que na concentração mais elevada.

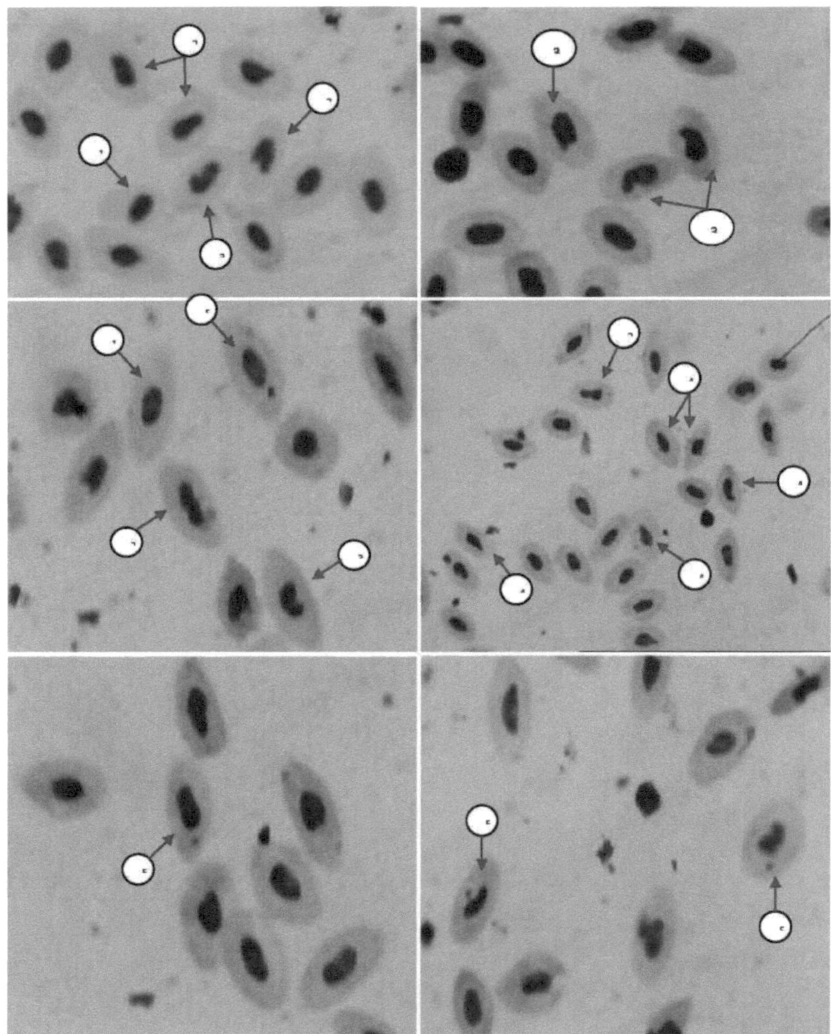

Figura 5. 3. Placa demonstrando anormalidade nuclear e Micronuceli, 1-célula normal, 2-células com bolhas, 3-células com entalhes, 4-células com lóbulos e 5- Micronuceli.

5.4. Anomalia nuclear em *O. niloticus*

Os resultados da frequência de Anomalias Nucleares (AN) em eritrócitos periféricos de *O.niloticus* expostos a efluentes de curtumes compostos são apresentados na Tabela 5.6. A NA foi apresentada como figura de anormalidades blebbed (BL), bi-nucleadas (BN), lobbed (LB) e notched (NT). A indução de anomalias nucleares entalhadas (NT) em todas as concentrações aumentou significativamente (P <0,05) quando comparada com o grupo não exposto. Por outro lado, as frequências de anormalidades nucleares binucleadas (BN) e lobadas (LB) mostraram uma diferença estatisticamente significativa (P <0,05) apenas nas concentrações mais baixas (0,06%) e mais altas (2,4%) de efluentes. A frequência de anormalidades nucleares com hemorragias (BL) também foi inconsistente, uma diferença significativa (P < 0,05) entre o grupo exposto e o não exposto foi marcada apenas na menor (0,06%) e maior (2,4%) taxa de concentração de efluentes.

Tanto a anomalia BN como a NT aumentaram a concentração de forma dependente, embora não se tenha registado uma diferença significativa (P < 0,05) entre a concentração média e a mais elevada. Por outro lado, as NAs BL e LB aumentaram independentemente da concentração. Em ambos os casos, a indução diminuiu a uma concentração de efluente mais elevada, mas esta queda não foi significativa quando comparada com a concentração média anterior. A diferença mais ou menos significativa (P < 0,05) das anomalias LB foi registada apenas entre concentrações inferiores e médias, enquanto que no caso das anomalias BL foi registada entre concentrações inferiores e superiores.

De acordo com os resultados apresentados na Tabela 5.6, a aberração nuclear global foi recapitulada como anormalidade nuclear total (ANT), e verificou-se que este somatório aumentou significativamente (P < 0,01), quando comparado com o grupo não exposto. Além disso, foi relatado que a TNA aumentou de forma dependente da concentração. Além disso, foi calculada a correlação das anomalias com o rácio da concentração de efluentes - o coeficiente de correlação mais elevado foi registado no caso das anomalias BN (r = 87,1) e o mais baixo foi registado para LB (r = 46). Este coeficiente de correlação implica a sensibilidade das anomalias como indicador de toxicidade específica.

A aberração celular foi induzida em eritrócitos periféricos de *O.niloticus* expostos a MTCs de

efluentes de curtumes compostos. Por conseguinte, a ordem de sensibilidade foi estipulada como

sendo a seguinte: BN >NT >BL >LB.

Quadro 5. 6. Frequência média de NA em eritrócitos, brânquias e células renais de *O.niloticus* expostos a três níveis de MTC de efluente de curtume composto durante 72 horas.

NA frequency (%)	*Total number of Cells scored	Treatment groups			
		NC	0.06%	0.6%	2.4%
Notched	4,000	0.28±0.09	0.7±0.15 [a,b,c]	2.04±0.44 [a,b]	2.7 ±0.53 [a,c]
Blebbed	4,000	0.11±0.06	0.49±0.08 [a,b]	1.18±0.68	1.07±0.24 [a,b]
Lobed	4,000	0.25±0.13	0.60±0.17 [a,b]	1.5±0.27 [b]	1.18±0.68 [a]
Bi-nucleated	4,000	0.03±0.02	0.40±0.22 [b,c]	1.80±0.51 [a,b]	2.69±0.37 [a,c]
Total NA	16,000	0.67± 0.11	2.16±0.31 [a,b,c]	6.48±0.91 [a,b]	7.63±1.38 [a,c]

[a] indica uma diferença significativa (P<0,05) entre a frequência média de MN % dos grupos de tratamento em relação ao controlo negativo. Outras letras semelhantes indicam uma diferença significativa (P<0,05) entre a frequência média de MN % dos grupos de tratamento

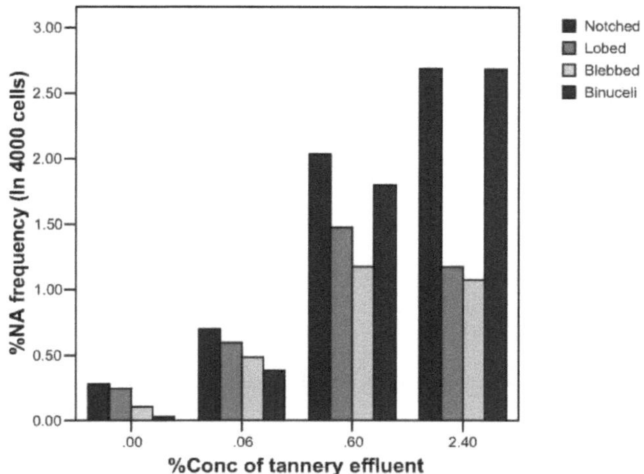

Figura 5.4. Um gráfico de barras representando a frequência %NA de eritrócitos periféricos de *O.niloticus* em relação à concentração de efluente de curtume composto. Tanto a anormalidade BN como NT aumentaram em função da concentração, embora não se tenha registado uma diferença significativa (P < 0,05) entre 0,6% e 2,4% de concentração de efluente. Por outro lado, a indução de BL e LB NAs diminuiu com concentrações mais altas de efluente, mas essa queda não foi significativa quando comparada à concentração anterior do meio. Diferença significativa (P < 0,05) de anomalias LB, entre concentrações inferiores e médias e entre concentrações inferiores e superiores no caso de anomalias BL.

Tabela 5.7. Estado de correlação de Pearson da média percentual de aberrações celulares e nucleares de eritrócitos periféricos (N = 20)

%Mean of Cellular aberration	Micronuceli	Notched	Lobed	Blebbed	Effluent	Mean	Std. Deviation
Micronuceli	-	0.89**	0.78**	.604**	0.86**	0.96	0.87
Notched	-	-	0.71**	0.78**	0.84**	1.43	1.05
Lobed	-	-	-	0.72**	0.47*	0.87	0.60
Blebbed	-	-	-	-	0.54*	0.71	0.56
Effluent	-	-	-	-	-	0.77	0.99

** Correlation is significant at the 0.01 level (2-tailed).
* Correlation is significant at the 0.05 level (2-tailed).

5.5. Quebras de ADN e sítios sensíveis à FPG em *Oreochromis niloticus*

Para medir a genotoxicidade do efluente de curtume composto em *O. niloticus*, foi efectuada uma eletroforese em gel de célula única em eritrócitos periféricos e suspensões celulares de brânquias, rins e fígado a pH alcalino; a fragmentação foi medida em % de ADN da cauda. Os resultados são apresentados no quadro 5.8. No grupo de controlo, os danos espontâneos no ADN, medidos em % de ADN da cauda (média ± S.E), foram de 4,08 ± 2,5 nos eritrócitos, 5,80 ± 0,35 nas células epiteliais das brânquias, 5,84 ± 0,3 nas células renais e 9,50 ± 0,44 nas células hepáticas. Os danos espontâneos foram significativamente diferentes (P < 0,01) entre os tipos de células, exceto no caso em que a diferença entre as células renais e as brânquias foi considerada estatisticamente insignificante (P < 0,05). Consequentemente, a % espontânea de ADN da cauda em todos os tipos de células analisadas foi registada na ordem[1] - células hepáticas > células renais > células branquiais > eritrócitos.

Durante uma breve eletroforese de quebras de ADN de eritrócitos periféricos, células epiteliais das brânquias, dos rins e do fígado de *O.niloticus* expostos ao MTC de efluentes de curtumes compostos, os fragmentos migraram rapidamente para o ânodo do que os não expostos; no entanto, a diferença foi estatisticamente significativa (P < 0,01). Por conseguinte, a hipótese nula (Ho) de não haver diferença na frequência de danos no ADN entre o grupo exposto e o grupo não exposto é refutada. Pelo contrário, a exposição dos peixes à mistura de poluentes presentes nos efluentes compostos de curtumes revelou um aumento percetível dos danos no ADN em comparação com o grupo não exposto.

Foram também analisadas as respostas específicas dos tecidos; consequentemente, a resposta dependia da concentração. Por exemplo, na concentração mais elevada (2,4%), a diferença de danos no ADN entre os eritrócitos periféricos, as células renais, as células epiteliais das brânquias e as células hepáticas foi calculada como sendo estatisticamente significativa (P < 0,01). Este contraste deu origem a um rácio de fragmentação mais elevado nas células hepáticas, seguido das células epiteliais branquiais e das células renais, tendo sido registado o menor valor nos eritrócitos periféricos (células hepáticas > células epiteliais branquiais > células renais e eritrócitos). Nas restantes concentrações de efluente (i.e. 0,06 e 0,6%), são aplicáveis conclusões semelhantes com alguns resultados contraditórios. Nos peixes expostos a 0,06% de concentração de efluente, registou-se homogeneidade de resultados entre pares de fígado e rim, e brânquias e eritrócitos (P < 0,05). Da mesma forma, a concentração de 0,6% de efluente não causou variação significativa (P < 0,05) de danos ao DNA entre as células das brânquias e dos rins. Assim, a hipótese nula que prevê que não há diferença de danos ao DNA entre os diferentes tipos de células foi totalmente rejeitada apenas para a exposição a concentrações mais altas de efluentes.

Quadro 5.8. Migração de ADN medida como Tail ADN % em diferentes tecidos de *O.niloticus* expostos a CTM de CMTE.

Treatment group	Number of DNA analysed	DNA damage measured as %tail DNA±SE			
		erythrocyte	Kidney	Liver	Gill
Negative control	500	4.08±0.25	5.84±0.3	9.50±0.44	5.80±0.35
0.06%	500	15.70±0.50	17.66±0.6	19.24±0.56	15.84±0.66
0.6%	500	24.70±0.70	27.06±0.63	33.70±0.74	27.79±0.70
2.4%	500	24.73±0.60	29.14±0.60	38.84±0.54	31.42±0.78

Verificou-se que a associação entre a concentração de MTCs de efluentes de curtumes compostos e a fragmentação de ADN induzida estava positivamente correlacionada, implicando uma resposta linear à dose em todos os tipos de células (Figura ?). Um aumento dependente da concentração da % de ADN da cauda foi significativo (P < 0,01) nas células do fígado, das brânquias e dos rins. No entanto, a resposta linear à concentração tornou-se inconsistente nos eritrócitos periféricos, porque a diferença nas quebras de ADN entre 0,6% e 2,4% da composição do efluente foi insignificante (P <

0,05). Assim, com base na análise da correlação de Pearson (Tabela 5.9), verificou-se que as células hepáticas foram altamente afectadas, seguidas das células branquiais e das células epiteliais renais; as células menos aberrantes foram os eritrócitos periféricos.

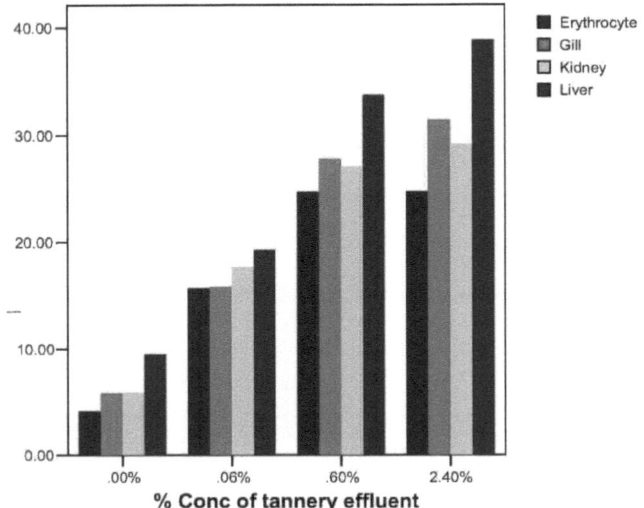

Figura 5.5. Um gráfico de barras que demonstra um padrão de danos no ADN, medido utilizando a percentagem de ADN da cauda, no ADN dos eritrócitos e das células esfoliadas das brânquias, dos rins e do fígado. Verificou-se uma diferença significativa (P < 0,01) entre os eritrócitos periféricos, as células renais, as células epiteliais das brânquias e as células hepáticas. Este contraste deu origem a um rácio de fragmentação mais elevado nas células hepáticas, seguido das células epiteliais branquiais e das células renais, tendo sido registado o menor rácio nos eritrócitos periféricos (células hepáticas > células epiteliais branquiais > células renais e eritrócitos). Nos peixes expostos a 0,06% de concentração de efluente, registou-se homogeneidade de resultados entre pares de fígado e rim, e brânquias e eritrócitos (P < 0,05). Da mesma forma, a concentração de 0,6% de efluente não causou variação significativa (P < 0,05) de danos ao DNA entre as células das brânquias e dos rins.

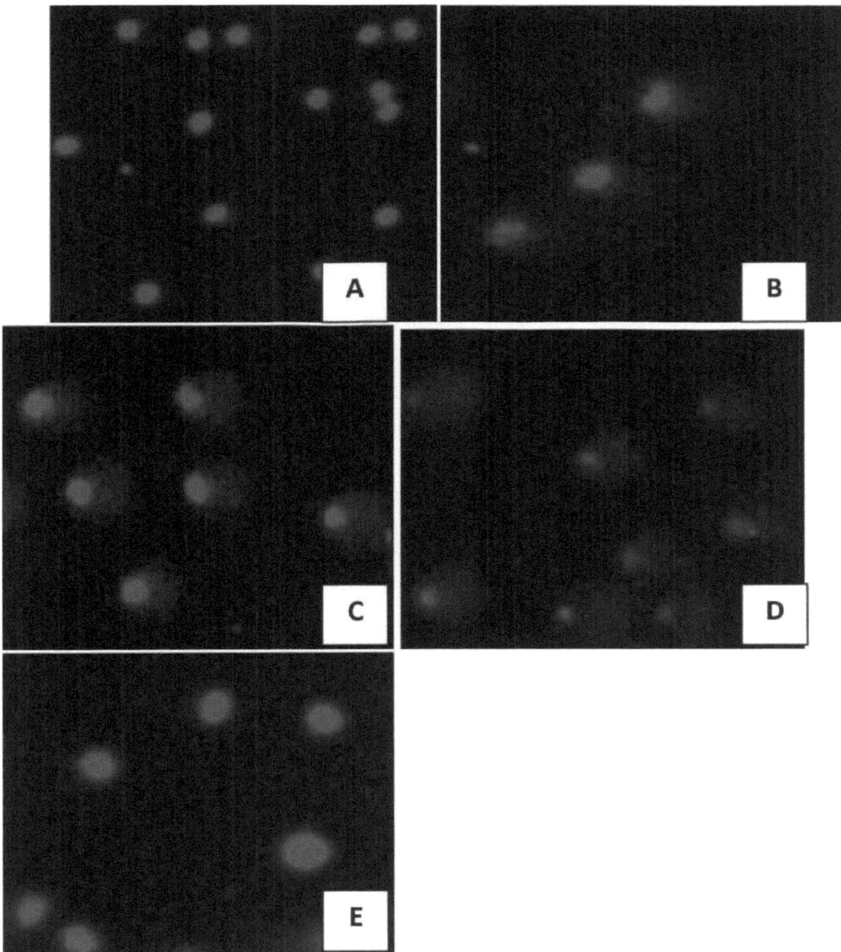

Figura 5.6. Placas demonstrativas do ensaio cometa realizado com eritrócitos *de Oreochromis niloticus* expostos ao efluente composto da Fábrica de Curtumes do Modjo. A- Classe 0 (célula sem danos); B-Classe 1 (pequenos danos); C- Classe 2 (danos médios) e D- Classe 3 (grandes danos); E- Estrutura em forma de halo do ADN contabilizada entre o ADN danificado, aparentemente manifestando ligações cruzadas de ADN.

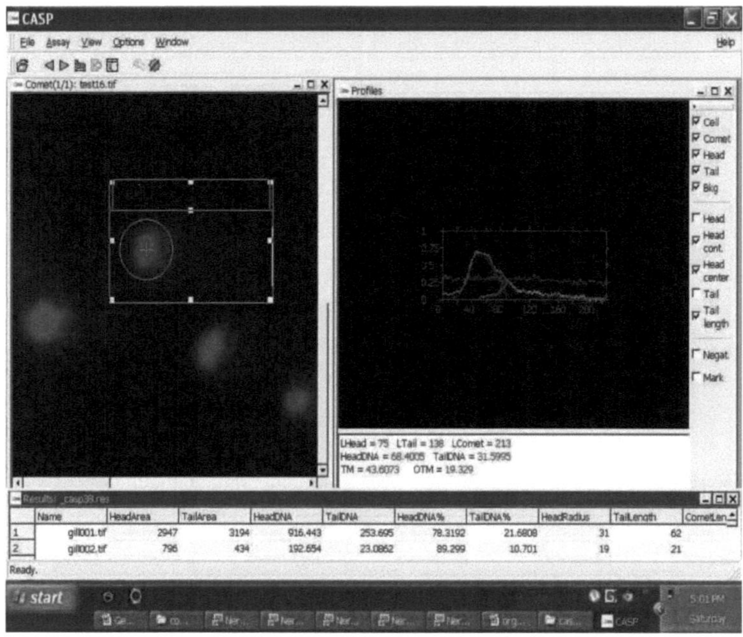

Figura 5. 7. Análise do software Casp da migração do ADN da célula branquial, analisando diferentes predadores de cometas.

Tabela 5.9. Estado de correlação de Pearson da % média de ADN da cauda do eritrócito periférico e do ADN das células esfoliadas das brânquias, dos rins e do fígado (N = 2000)

% mean DNA damage	Peripheral erythrocyte	Gill	Kidney	Liver	MTC of CTE	Mean	Std. Deviation
Peripheral erythrocyte	□	.33**	.31**	.37**	.39**	17.30	14.52
Gill	□	□	.37**	.37**	.45**	20.21	17.55
Kidney	□	□	□	.39**	.44**	19.93	15.32
Liver	□	□	□	□	.55**	25.32	17.40
(MTC of CTE)*	□	□	□	□	□	1.07%	1.40%

**Z " 41   ,··· ·f-, ı ıl /\/\/\1   1 1/z-\,, ·11\

A correlação é significativa ao nível de 0,001 (bicaudal).

Para medir a oxidação do ADN que conduz às purinas oxidadas, foi aplicada uma versão modificada da eletroforese em gel de célula única para quantificar os locais sensíveis à FPG. Esta medição foi efectuada em células esfoliadas do fígado e do rim; o resultado é apresentado no Quadro? De acordo com o resultado, foi medida uma quantidade significativa ($P < 0,05$) de locais sensíveis à FPG em ambos os tecidos quando comparados com o grupo de controlo negativo comparativo. Do mesmo modo, a resposta foi considerada dependente da concentração, indicando um índice de correlação ($r = 70$) para as células do fígado e $r = 40$ para os rins (um aumento significativo através do gradiente de concentração). As comparações entre a extensão das purinas oxidadas, com base no declive da linearidade da resposta em ambos os tecidos, deixam as células hepáticas a exibir uma quantidade estatisticamente significativa ($P < 0,05$) de purinas oxidadas do que as células renais.

Tabela 5.10. Resumo das quebras de ADN e dos locais sensíveis à FPG no rim de *O.niloticus*, apresentados como % de ADN médio da cauda.

Treatment group	No of analysed DNA	Mean% of DNA damage ±SE	Mean% of DNA damage with FPG±SE	Mean% FPG sensitive sites
0.06%	500	17.66±0.6	28.11±0.47	10.45±0.80
0.6%	500	27.06±0.63	35.10±0.58	8.04±0.88
2.4%	500	29.14±0.60	40.97±0.41	11.83±0.70

Quadro 5. 11. Resumo das quebras de ADN e dos sítios sensíveis à FPG do fígado de *O.niloticus*, apresentados como % de ADN médio da cauda.

Treatment group	No of analysed DNA	Mean% of DNA damage ±SE	Mean% of DNA damage with FPG±SE	Mean% FPG sensitive sites±SE
0.06%	500	19.24±0.56	21.23±0.34	1.99±0.67
0.6%	500	33.70±0.74	38.38±0.32	4.68±0.82
2.4%	500	38.84±0.54	51.82±0.56	12.98±0.76

CAPÍTULO 6

Discussão

6.1. Efeito Clastogénico e Aneugénico da Concentração Sub *Letal* de Efluente de Curtume Composto em *O.niloticus*

Independentemente da preferência pelo cariótipo, a marcação de MNs em peixes tem sido um ensaio potencial que se encontra aderido em células em proliferação, até agora, eritrócitos periféricos e eritrócitos esfoliados de brânquias e rins estavam entre as escolhas de interesse (Bolognesi e Hayashi, 2011). No entanto, a frequência de MN varia em função da toxicocinética e da cinética de proliferação celular, uma vez que este bioindicador apresenta apenas uma discrepância em função da exposição das espécies de peixes a diferentes classes de genotoxicantes (Kligerman, 1982 e Palhares e Grisolia, 2002).

Apesar do facto de as células de peixes de diferentes origens apresentarem uma resposta positiva de MN quando expostas a genotóxicos, podem não ser igualmente preferíveis para o ensaio de MN. No que diz respeito à exposição de *O.niloticus* a concentrações sub-letais de efluentes industriais, Cavas & Ergene-Gozukara, (2003, 2005b), as células branquiais revelaram uma maior frequência de MN do que os eritrócitos periféricos. Hayashi et al. (1998) também registaram um contraste semelhante em cinco espécies diferentes de peixes selvagens. Por outro lado, as percentagens de MN nos rins foram comprovadamente inferiores às obtidas a partir de eritrócitos periféricos, o que indica que o sistema de reparação nos rins pode desempenhar um papel melhor do que o dos eritrócitos periféricos (Ali *et al.*, 2008). Em contrapartida, o tratamento com mitomicina C (Palhares e Grisolia, 2002) e a irradiação (Manna e Sadhukan, 1986) nos dois tecidos de *O.niloticus* não revelaram diferenças significativas entre as células das brânquias e dos rins.

Tendo em conta os efluentes de curtumes, até à data, existe uma escassez de informações sobre o tema da utilização comparativa entre rim, brânquias e eritrócitos periféricos; no entanto, alguns estudos mostram que os eritrócitos periféricos (Al-sabati *et al.*, 1994 & Matsumoto *et al.*, 2006) e as células renais (Walia *et al.*, 2013) respondem positivamente. No entanto, ainda não se sabe qual das três origens de eritrócitos periféricos em *O.niloticus* expostos a efluentes de curtumes seria sensível e adequada para avaliar a frequência de NM.

Tendo isso em conta, procurámos inicialmente obter uma resposta específica do tecido, bem como uma resposta dependente da concentração de MN nas brânquias, nos rins e nos eritrócitos periféricos de *O.niloticus*. Assim, um grupo de *O.niloticus* foi exposto a três gradientes de concentrações máximas toleráveis de efluentes de curtumes compostos, incluindo um grupo de controlo negativo, numa configuração semi-estática. Após 3 dias de exposição, a experiência foi interrompida, foi colhido sangue total e as brânquias e os rins dos peixes foram dissecados e processados para o ensaio de MN.

O teste de MN em todas as origens de eritrócitos mostrou uma resposta positiva, embora se tenha verificado que as células branquiais são as mais afectadas, seguidas pelos eritrócitos periféricos e que a menor consequência foi observada nos eritrócitos renais. Por outras palavras, a frequência de MN nos eritrócitos branquiais mostrou um aumento dependente da concentração. Muito pelo contrário, a resposta das células renais não foi dependente da concentração, tendo a frequência diminuído a uma concentração média (0,6%). Além disso, foi registado um aumento dependente da concentração nos eritrócitos periféricos, no entanto, a diferença entre a concentração média e a concentração mais elevada (2,4%) registou um aumento marginal.

A frequência mais elevada de MN demonstrada nas células branquiais, quando comparada com as restantes, está de acordo com todos os relatórios que indicam que estes órgãos são adequados para a medição destas anomalias em peixes expostos a efluentes. Muitas razões são apontadas para que esta resposta superior seja geralmente registada nas células branquiais. Uma das razões que o nosso resultado apoia é o facto de as brânquias estarem sujeitas a uma exposição contínua a poluentes quando comparadas com o sangue e os rins (Cavas e Ergene-Gozukara, 2005, 2003b e Hyashi *et al*, 1998). Dando especial ênfase aos metais pesados, Shukla *et al*. (2007) sugeriram que estas espécies transportadas pela água se ligam inicialmente às brânquias, principal local de circulação da água, e se depositam subsequentemente noutros tecidos, podendo mesmo o efeito persistir nestes órgãos, depois de os metais pesados serem extraídos. É plausível que a maior frequência registada nas brânquias de *O.niloticus* se deva também, pelo menos em parte, à presença de diferentes tipos de metais pesados no efluente composto (quadro ?). Sabe-se que as células das brânquias têm um índice mitótico elevado (?); este facto tem sido considerado como uma das principais razões para a maior frequência de MN observada nos eritrócitos esfoliados deste órgão. Consequentemente, uma vez que a cinética da proliferação celular é um fator determinante para a classificação dos MN (Al-Sabati *et al*., 1995), uma frequência mais elevada de MN das brânquias registada no presente estudo pode ser uma das razões possíveis, em termos comparativos, devido à maior magnitude da proliferação celular frequente registada nos eritrócitos periféricos das células epiteliais das brânquias do que nos eritrócitos periféricos e nas células do rim cefálico. Além disso, isto pode estar relacionado com Ali *et al*. (2008), que estipularam que alguns dos MN registados nas células branquiais podem não ser transportados de volta para o rim.

Parece haver apenas dois estudos de caso Al-sabati *et al*., (1994) e Matsumoto *et al*., (2006), que relataram a resposta do MN em eritrócitos periféricos de peixes expostos a água contaminada com efluentes de curtumes. Em termos gerais, a presente investigação está substancialmente de acordo com estas duas investigações experimentais, embora existam ligeiras diferenças. De acordo com ambos os estudos, o crómio é apontado como a principal causa da resposta clastogénica. Embora o crómio tenha uma importância significativa na genotoxicidade dos efluentes de curtumes, a confiança na mera conclusão de que a parte de leão é atribuída apenas às espécies de crómio deve ser tomada com cautela. Neste caso, a consideração da química da água, a presença de outros metais pesados e as suas interacções têm de ser censuradas separadamente. Uma das técnicas utilizadas em ambas as investigações foi a análise do crómio total em amostras colhidas em três cursos de um rio, nomeadamente o curso superior, o ponto de descarga e o curso inferior do rio. A abordagem é legítima e, de certa forma, contribui para as suas conclusões; no entanto, ambos os relatórios não tiveram em conta a presença ou o papel de outros metais pesados e compostos orgânicos que poderiam estar presentes na mistura total do efluente. Por esta razão, a conclusão final das presentes investigações sobre a forma como esta resposta é induzida contrasta completamente com Al-sabati *et al.*, (1994) e parcialmente com Matsumoto *et al.*, (2006). O ponto de partida sujeito à frequência mais elevada de MN em todos os gradientes de concentração utilizados pode dever-se a todos os poluentes presentes na mistura, especialmente o analisado; tenha também em mente outros contaminantes orgânicos que não são aqui relatados, mas que se espera que existam nos efluentes de curtumes - isto é discutido na secção subsequente, de acordo com o mecanismo de ação dos tóxicos que podem causar danos oxidativos; por isso, não será aqui abordado.

Embora o crómio esteja presente em concentrações mais elevadas do que os restantes metais pesados referidos neste estudo, já não podemos assumir que o crómio é o único elemento clastogénico presente nos efluentes de curtumes compostos. Mas também os metais pesados testados e os PAH clorados e não clorados, que não foram aqui referidos, precisam de ser analisados e o seu papel na formação de MN deve ser devidamente estudado. Uma possível explicação para esta observação é a variabilidade da composição e concentração dos efluentes entre as indústrias, que pode variar consoante a quantidade de água utilizada e as modificações do processo. Um bom exemplo é o facto de a concentração de metais pesados indicada no presente estudo ser superior à apresentada por Matsumoto *et al.*, (2006).

É também evidente que, à medida que a concentração do efluente utilizado para a presente experiência aumenta, a sensibilidade da deteção de MN nos eritrócitos periféricos diminui. Este facto explica a ausência de diferenças significativas na frequência de MN entre concentrações médias e superiores ("incremento marginal"). De facto, não se observa um padrão unificador de resposta de MN nos eritrócitos periféricos à medida que a concentração do genotóxico aumenta. Sabe-se que as diferenças interespécies no metabolismo dos xenobióticos, na reparação do ADN e na proliferação celular no órgão-alvo são os factores mais importantes que afectam a sensibilidade das espécies de peixes à genotoxicidade (Al-sabti e Metcalfe, 1995). Por esta razão, é habitual registar respostas de MN em espécies de peixes, especialmente naquelas expostas a efluentes industriais, demonstrando uma queda na frequência de MN com um período de exposição mais longo e uma concentração de efluentes mais elevada. De acordo com Das & Nanda, (1986), que relataram fenómenos semelhantes em *fósseis de Heteropneustes*, expostos a efluentes de fábricas de papel, sugeriram que isto poderia acontecer em relação ao efeito inibitório do efluente na divisão celular e subsequente impedimento da passagem das células afectadas para a circulação periférica. Pelo contrário, Cavas & Ergene-Gozukara, (2005b), reconheceram que o MN em *O.niloticus* expostos a efluentes de fábricas de crómio aumentava na duração mais elevada e mais longa da exposição, representando uma absorção lenta do Cr (III) encontrado na composição química dos efluentes. É referido que os metais pesados como o Cd, o Cu e o Zn, de forma antagónica e sinérgica com outros metais, podem exercer um forte efeito inibitório sobre a divisão celular (Barbosa *et al.*, 2010). (2008), que confirmaram que a presença de Pb, Ni e Zn, entre outros metais, na água e no músculo branquial (brônquico?) e nos tecidos hepáticos de duas outras espécies de peixes não provocou uma alteração da frequência de MN nos eritrócitos periféricos. Tendo em conta a investigação atual, foi demonstrada uma quantidade elevada de Cd, Co, Cr, Cu, Fe, Ni, Pb e Zn quando comparada com a água de poço sem cloro utilizada para a experiência. A concentração destes metais no grupo de tratamento com maior concentração de efluentes foi calculada como sendo 1,5-47 vezes superior à do grupo de tratamento com menor concentração de efluentes. Assim, uma alteração marginal do MN nos eritrócitos periféricos das espécies de ensaio expostas a uma concentração mais elevada de efluentes pode dever-se, em parte, a uma concentração elevada de metais pesados. Por conseguinte, a presença destes metais pode ter inibido a divisão celular e impedido o transporte de MN para a circulação periférica. Este último facto está de acordo com o enunciado de Das e Nanda, (1986), que descreveram que os MN tendem a persistir nos seus locais de produção (rim e baço) e que, posteriormente, pelo menos alguns deles entram na circulação sanguínea periférica. Assim, no presente estudo, poderá haver um atraso no transporte das MN induzidas a partir das células hemopoiéticas. Uma razão pode ser também o oposto (De Flora et al., 1993) - as células danificadas podem ter sido eliminadas do ambiente celular a uma taxa mais elevada do que as células não danificadas para manter um tecido saudável capaz de desempenhar funções fisiológicas normais (Mersch *et al.*, 1996). No entanto, esta proposição precisa de ser investigada mais aprofundadamente. Outra abordagem que pode dar uma imagem clara é a avaliação das respostas das lesões nos eritrócitos dos rins. Assim, um fenómeno de declínio da frequência de MN nos eritrócitos renais e um aumento da frequência de MN nos eritrócitos periféricos em cada um dos grupos de tratamento, especialmente a uma concentração média, pode ser atribuído ao transporte de MNs do rim através dos eritrócitos periféricos. Para se chegar a uma afirmação segura de que essa violação do transporte pode causar uma frequência mais baixa de MN em qualquer uma das origens celulares, as experiências futuras têm de considerar uma investigação baseada no tempo. Embora os mecanismos subjacentes à formação de NAs não tenham sido totalmente compreendidos, vários estudos demonstraram que estas lesões nucleares podem potencialmente constituir uma folha de fósforo para a marcação de MNs em condições experimentais *in vivo*. Além disso, vários estudos propuseram a utilização de NA para complementar o ensaio de MN como biomarcador prospetivo de exposição em espécies de peixes expostas a diferentes tipos de produtos químicos e efluentes industriais (Ayllon & Garcia-Vazquez, 2000; Cavas & Ergene-Gozukara, 2003, 2005a, 2005b; Da Silva Souz e Fontanetti, 2006). O presente estudo também fornece provas adicionais da resposta positiva da lesão nuclear em eritrócitos periféricos de *O.niloticus* expostos a MTCs de efluentes de curtumes compostos. Com especial ênfase em trabalhos anteriores relacionados com efluentes de curtumes, Matsumoto *et al.*, (2006) e Walia *et al.*, (2013) também relataram uma resposta positiva de NA em *O.niloticus* exposto a efluentes de curtumes e os presentes resultados também estão de acordo com estes estudos. Embora a análise comparativa destes relatórios também mostre que, nalguns casos, os relatórios não estão harmonizados de forma coerente com o nosso relatório e não é possível efetuar comparações pormenorizadas. Por exemplo, Masumoto *et al.* (2006) não demonstraram separadamente a indução de NAs, bem como os seus valores quantitativos, embora tenham preferido apresentar fotomicrografias destas anomalias. Por outro lado, as anomalias identificadas neste estudo experimental enquadram-se nas classes de blebbed (BL), bi-nucleated (BN), lobbed (LB) e notched (NT), e agregadas como total nuclear abnormality (TNA). Quando analisadas separadamente, as anomalias têm uma resposta variável em relação ao grupo de controlo e ao longo do gradiente de concentração. Tendo em conta este facto, a sensibilidade foi definida pela ordem BN > NT > BL > LB. Uma das razões que provocou esta variação entre as anomalias é o seu estado de correlação ao longo do gradiente de concentração. Por exemplo, o coeficiente de correlação mais elevado foi registado no caso da BN ($r = 87,1$) e o menor foi registado na LB ($r = 46$).

Tanto o NT como o BN aumentaram de forma dependente da concentração, enquanto a frequência de NAs BL e LB diminuiu a uma concentração de efluente mais elevada. Comparativamente, a ocorrência de tais respostas ao longo de um gradiente de concentração parece não ser a única tendência com a exposição à concentração sub-letal de efluente de curtume, ao mesmo tempo, Walia *et al.*, (2013) também apresentou a variação das respostas em eritrócitos periféricos do rim em relação à concentração e antecipadamente com a variação do tempo. De acordo com o seu relatório, as concentrações sub-letais de efluentes de curtumes, 3,53% e 1,76%, aumentaram as anomalias nucleares durante o período de exposição até 96 horas de exposição. Enquanto que na concentração de 0,88%, estas anomalias aumentaram das 24 h às 48 h e depois diminuíram até às 96 h, exceto no LB, que diminuiu das 24 h às 96 h e o NT aumentou das 24 h às 72 h e depois diminuiu acentuadamente às 96 h. Por conseguinte, Walia *et al.* (2013) salientaram que a presença de crómio e de metais pesados contribui para as anomalias nucleares em *Lobio rohito*. A sua conclusão é aparentemente uma submissão à hipótese de Von Sonntag *et al.*, (1987) e Steenken *et al.*, (1989); de acordo com os seus relatórios, uma redução intracelular de Crómio (VI) a Crómio (fff) desencadeia a produção de espécies reactivas de oxigénio que podem reagir livremente com o ADN e, mais tarde, ser responsáveis pela formação de NA. De facto, Al-sabati *et al.*, (1994) também relataram uma frequência relativamente igual de MN em espécies de peixe tratadas com Cr (VI) e Cr (fff), mas também com resíduos de processamento de couro, explicando uma possível redução de Cr (Vf), que é provável que ocorra no trato digestivo. Por outro lado, o presente estudo também partilha a sua proposta, uma vez que a concentração de crómio e de outros metais pesados é superior à do grupo de controlo. É igualmente evidente que o stress oxidativo provocado pelos metais pesados também pode causar um processo de peroxidação lipídica que aumenta a permeabilidade dos genotóxicos através das membranas celulares, tornando o núcleo mais suscetível (Seriani *et al*,

2011). De uma forma ou de outra, estes genotóxicos podem ter a oportunidade de interferir na síntese de ADN de um organismo exposto, o que dá origem a NA e, mais tarde, a MN (Da Silva Souz e Fontanetti, 2006).

Foi também sugerido que a amplificação de genes através do ciclo quebra-fusão-ponte poderia causar LBs ou BLs durante a eliminação do ADN amplificado do núcleo. Isto é proposto devido ao facto de o núcleo poder ter a capacidade de "sentir" o excesso de ADN que não se adapta bem ao invólucro nuclear. Como resultado, o ADN amplificado localiza-se em sítios específicos na periferia do núcleo e é eliminado através de brotamento nuclear para formar MN (Shimizu *et al.*, 1998,2000). Serini *et al.*, (2011) também recapitularam a hipótese de (Shimizu *et al.*, 1998, 2000) retratando o processo a nível celular. De acordo com a sua apresentação, as células detectam a região afetada da célula e iniciam um processo de reparação e eliminação da cromatina afetada, arrastando-a para a periferia do núcleo através do processo de exocitose. No entanto, quando o processo de exocitose se torna ineficiente ou é interrompido, a membrana nuclear torna-se imperfeita e, como consequência, um maior número de NA é escalonado. Além disso, a aneuploidia é outra anormalidade que resulta da falha da tubulina e das fusões mitóticas causadas pela ação aneugénica dos tóxicos. De acordo com Fernandes et al., (2007), os núcleos BN e NT podem ser a medida da aneugenicidade dos tóxicos, enquanto Wali *et al.*, (2013) também aderiram a este mecanismo como uma forma dos mecanismos para a formação de anomalias nucleares induzidas em *Lobio rohito* exposto a efluentes de curtumes. (2002), que sugeriram que a sequência de degradação celular sob o impacto de substâncias tóxicas e também sugeriram que as substâncias tóxicas causam condições de hipóxia que resultam em depressão de ATP que leva à forma anormal dos eritrócitos. Além disso, os tóxicos interromperam a solubilidade lipídica das membranas dos eritrócitos, resultando em células vacuoladas e equinocíticas e, em última análise, conduzindo à apoptose. Assim, a presença de crómio e de outros metais induziu tais alterações nos peixes, que não são revertidas e causam danos citotóxicos que resultam na morte dos peixes, a uma concentração mais elevada. Além disso, o bloqueio da citocinese pode causar núcleos BN e BL e estas anomalias são sugeridas como bio-indicadores de divisão celular anormal (Serrano- Garcia e Montero-Montoya, 2001). Embora os mecanismos subjacentes à formação de NAs não tenham sido totalmente explicados, uma forma de compreender a essência do seu registo seria a avaliação da sua coocorrência com MNs. De acordo com a presente investigação, foi registada uma associação significativa entre a frequência de MN e de NA. De acordo com a análise da correlação de Pearson, a coocorrência de MN com cada uma das anomalias foi registada na ordem de NT ($r = 89$) > BN ($r = 86$) > LB ($r = 78$) > BL ($r = 60$). Portanto, a variação das frequências no presente estudo pode ser devida à sensibilidade dessas frequências ao longo das variações temporais. De acordo com Walia *et al.*, (2013) os NAs são precursores da formação de MN; sabe-se também que a indução de MN é altamente dependente da cinética de proliferação celular. De acordo com Al-Sabti e Metcalfe, (1995), a indução de MN ocorre tipicamente entre 1 e 5 dias após a exposição; para a maioria dos peixes, sabe-se que este período é de 2 a 3 horas. Além disso, as formações de BL e LB anómalas estão relacionadas com o processo de brotamento nuclear durante a interfase (Shimizu *et al.*, (1998, 2000) & Serini *et al.*, (2011). Além disso, o bloqueio da citocinese pode causar núcleos BN e BL e estas anomalias são sugeridas como bio-indicadores de divisão celular anormal (Serrano-Garcia & Montero-Montoya, 2001). Assim, poder-se-ia concluir que, tal como a formação de MNs em peixes tratados com genotóxicos está associada à cinética da proliferação celular, a razão para a resposta inconsistente da NA relatada no presente estudo não seria um fenómeno diferente. Particularmente, ao considerar a ligação entre a cinética celular e a indução de NA, os relatórios de Walia *et al.*, (2013), seriam uma das potenciais implicações para a nossa especulação, no entanto, isto também precisa de ser replicado em *O.niloticus*. Por conseguinte, uma explicação possível para a presença de uma frequência mais baixa de NA identificada a uma concentração mais elevada de efluentes, especialmente a indução de anomalias BL e LB, pode dever-se à inibição do processo de excocitose responsável pela eliminação da cromatina afetada, o que pode ser desencadeado devido à presença de uma concentração elevada de crómio e metais pesados, uma vez que os metais inibem a divisão celular, exercendo o seu efeito aneugénico para causar falhas na tubina e fusíveis mitóticos. No entanto, esta hipótese requer uma investigação adicional. Por outro lado, as anomalias BL e LB revelaram um aumento não significativo quando comparadas com o grupo de controlo a uma concentração média do efluente. Tendo em conta as proposições acima mencionadas, isto pode dever-se ao inverso, devido a um processo de excocitose bem sucedido. Além disso, na presente investigação, a presença de células vacuoladas e equinocíticas é insignificante, pelo que este tipo de mecanismo pode ter pouca importância para os resultados do presente estudo, mas pode ser o caso da incidência de morte durante o teste de toxicidade aguda incipiente. Finalmente, de acordo com Osman *et al.*, (2010a, 2011), a pontuação destas anomalias aumenta o peso dos dados obtidos a partir de ensaios de MN e recomenda que podem complementar a pontuação de MN e implicar a sua potencial incorporação em ensaios de genotoxicidade de rotina quando os peixes são utilizados como organismos sentinela; assim, a presente investigação também está em conformidade com as suas recomendações.

6.2. Resposta a danos no ADN em *O. niloticus* exposto a efluentes de curtumes

As aberrações celulares referidas nos parágrafos anteriores são manifestações agregadas de um processo mitótico pouco saudável; a sua origem está relacionada com um mau funcionamento genómico ou com danos no ADN. Os danos no ADN têm merecido uma atenção considerável na compreensão das actividades genotóxicas em espécies de peixes expostas a descargas industriais. O ensaio cometa tem desempenhado um papel fundamental na avaliação de uma vasta gama de danos no ADN; para mencionar, um ensaio cometa de base alcalina é capaz de detetar rupturas de cadeia simples e dupla e outras lesões, tais como sítios lábeis aos álcalis, ligações cruzadas de ADN, aductos, reparação por excisão incompleta, purinas oxidadas e piramidinas (Lee & Steinert, 2003). Tendo em conta os efluentes de curtumes, existem até à data alguns relatórios que explicam que os efluentes de curtumes causam danos no ADN (Matsumoto *et al.*, (2006) & Sivachandran *et al.*, (2014)). Os estudos são, até certo ponto, difíceis de comparar, devido à variação na concentração de efluentes, espécies de teste e predadores de cometas. Por exemplo, Matsumoto *et al.*, (2006), relataram atividades genotóxicas em *O.niloticus* expostos a uma mistura de efluentes de uma proporção (1:1) com água de poço; constituindo uma concentração admissível de crómio de acordo com a norma turca (0,05 mg/L), implicando uma migração significativa de ADN (classificada em 4 classes) em grupos tratados quando comparados com o grupo de controlo. Por outro lado, Sivachandran *et al.*, (2014), investigaram uma magnitude significativa ($P < 0,05$) de migração de DNA em peixes, *Channa striatus* expostos a efluentes de curtume. Outros que têm menos importância pelo facto de a resposta ter sido recolhida de ensaios *in vitro* Matsumoto *et al.,* (2003 e 2005), também concluíram que os efluentes de curtumes são genotóxicos.

A insuficiente quantidade de relatórios experimentais sobre a genotoxicidade dos efluentes de curtumes através do ensaio cometa, especialmente em variedades de células esfoliadas que não os eritrócitos periféricos mais utilizados, levou-nos a propor uma conduta experimental iminente. Por esta razão, colocámos inicialmente a hipótese de um aumento percetível da migração do ADN nos eritrócitos periféricos e nas células esfoliadas do fígado, dos rins e das brânquias de *O.niloticus* expostos ao MTC incipiente. Após uma breve eletroforese, foi registado um aumento discernível da migração do ADN em todos os tipos de células do grupo tratado, quando comparado com o grupo não exposto, o que implica que os efluentes de curtumes são constituintes de poluentes capazes de causar quebras de cadeia simples e dupla e outras lesões, tais como locais lábeis de álcalis, ligações cruzadas de ADN, aductos, reparação de excisão incompleta, purinas e piramidinas oxidadas.

Portanto, os resultados deste estudo também estão de acordo com a inferência de Matsumoto *et al.*,

(2006) & Sivachandran *et al.*, (2014). Entre o ponto de semelhança que a presente investigação

também apoia é que os relatórios anteriores afirmam que as amostras que constituem uma

concentração relativamente mais elevada de crómio demonstraram uma maior fragmentação do

ADN; da mesma forma, na presente investigação, as concentrações de crómio total em todos os

gradientes de MTC são significativamente (P <0,05) mais elevadas do que a amostra de controlo.

Poder-se-ia levantar um ponto de debate pelo facto de o principal componente do CTE ser o crómio

trivalente (Cr (III)), ponderando assim que o Cr (III) é incapaz de causar quebras de cadeia. Uma

linha de ataque a esta acuidade é a proposição de modelos por Comet e Wetterhalm, (1983),

descrevendo que o crómio é capaz de causar danos no ADN quer mediando a reação de fenton,

causando stress oxidativo ou a via de ligação do crómio. A primeira é a que se mantém na presença

de crómio hexavalente, Cr (VI), enquanto a segunda se refere às ligações cruzadas da proteína do

ADN formadas pelo Cr (III). Embora não seja possível, a partir deste estudo, decidir qual dos dois

mecanismos é responsável pela resposta observada na presente investigação, podemos concluir

parcialmente que ambos os fenómenos podem ter causado a clivagem, assumindo uma ligeira posição

de que o Cr (III) é um componente principal e o Cr (VI) pode ser um agente causador atribuível a

uma reação redox no efluente. Além disso, Al-Sabati, (1995) também salientou que a oxidação do Cr

(III) pode ocorrer no trato digestivo dos peixes. Para além disso, sabe-se que processos como a

pincocitose e a endocitose solubilizam o Cr (III) nos compartimentos celulares (Valko *et al.*, 2005).

As ligações cruzadas entre proteínas e ADN são uma incidência esperada na presença de Cr (III).

Uma vez que o ensaio cometa é capaz de as detetar, temos uma pequena brecha para deduzir que a

formação de adutos de ADN é uma possibilidade, embora exista uma limitação técnica na

visualização de ligações cruzadas de ADN, dado que é necessário um tratamento adicional da célula

com luz de raios X, para quebrar a ligação cruzada de modo a que as cadeias de ADN francas migrem

facilmente (Tice *et al.*, 2000). Uma incidência típica, observada raramente no presente estudo, são algumas estruturas semelhantes a auréolas, que podem ser ligações cruzadas de ADN. Uma vez que não são estatisticamente significativas, são comunicadas de forma pictórica (Figura 5.6). Por conseguinte, as decisões devem ser tomadas com cautela, para que se possa decidir com rigor a ocorrência de ligações cruzadas, embora seja uma possibilidade.

Foi testada uma hipótese adicional que prevê uma resposta específica dos tecidos a danos no ADN em espécies de ensaio expostas a CTM de CTE. Os resultados mostram que a resposta genotóxica foi aparentemente identificada como sendo específica do tecido. Os danos no ADN foram mais elevados nas células esfoliadas do fígado, seguidas dos tecidos das brânquias e dos rins, tendo sido registada uma resposta mais baixa nos eritrócitos periféricos. Outros estudos com diferentes tipos de efluentes indicaram que as células do fígado são mais sensíveis à ação dos genotoxicantes. Por exemplo, Ahmed *et al.* (2010) registaram a intensidade da migração do ADN (% ADN da cauda), por ordem de fígado > rim > anfíbio. Da mesma forma, Kilemade *et al.* (2004) também registaram uma migração superior nas células do fígado do que nas brânquias e nos eritrócitos periféricos de Turbout. Em contraste com estes, Pandey *et al.*, (2006) elucidaram uma migração mais elevada nas células do fígado do que nas células dos rins, os órgãos envolvidos no metabolismo e excreção de xenobióticos, respetivamente, foram avaliados juntamente com o sangue. Nos três tecidos, verificou-se uma tendência para o aumento das quebras de cadeias de ADN com o aumento da duração da exposição. No entanto, as células das brânquias foram as mais afectadas do que o fígado e os eritrócitos periféricos. Do mesmo modo, Pandey *et al.* (2006) demonstraram danos mais elevados no ADN dos tecidos renais. Tendo em conta os efluentes de curtumes, Sivachandran *et al.*, (2014), investigaram a possibilidade de utilizar outros tipos de células, fígado e testículo de *Channa striatus*. O grau mais elevado de % de pontuações de ADN na cauda foi observado nos peixes experimentais quando comparados com os controlos, o que indica uma natureza genotóxica dos efluentes de curtumes, formando quebras de cadeias de ADN, mas também uma maior migração de ADN nas células do fígado do que no testículo. A presente investigação está, por conseguinte, de acordo com as suas conclusões e com os trabalhos de Kilemade *et al.*, (2004) e Ahmed *et al.*, (2010), no sentido de que o fígado é o local mais sensível à ação dos genotóxicos. Mas também em contraste com Ahmed *et al.*, (2010) e Pandey *et al.*, (2006) que registaram um maior dano no ADN nas células renais do que nas células branquiais. Assim, a resposta específica dos tecidos aos danos no ADN observados no presente estudo pode ser melhor explicada devido à variação do número de sítios lábeis aos álcalis no ADN em diferentes tecidos e em diferentes tipos de células (Kilemade *et al.*, 2004 & Tice *et al.*, 2000). Por conseguinte, o pH alcalino do tampão de eletroforese transpôs os sítios lábeis aos álcalis expressos para quebras de cadeia, criando uma intensidade de resposta desesperadamente diferente entre os tecidos. Outro ponto que pode ter contribuído para a resposta específica do tecido é um fundo ou dano espontâneo do ADN exibido em todos os tipos de células. Uma maior intensidade de ADN migrou nas células do fígado, seguida das brânquias, dos rins e dos eritrócitos periféricos. Para corroborar esta afirmação, basta referir a homogeneidade dos resultados entre o fígado e o rim, e entre o rim e os eritrócitos, com especial destaque para o primeiro. Se não se tivesse verificado um maior dano no ADN nas células de controlo negativo do fígado, poderia não se verificar uma diferença significativa no índice de ADN entre o fígado e o rim. Além disso, a variação na reparação por excisão, na atividade metabólica e na atividade antioxidante em todas as células de origem pode ter causado a resposta específica do tecido observada. Por exemplo, o efeito da concentração de antioxidantes na magnitude dos danos no ADN foi articulado por (Velma & Tchounwou; 2010, 2013) em peixes expostos a uma solução de crómio. Assim, é claro a partir do seu relatório que, à medida que a concentração de antioxidante despenca, a intensidade dos danos no ADN diminui, explicando uma situação em que os antioxidantes têm estado em ação para capturar as ERO, evidentemente, esta foi também uma resposta específica do tecido. Portanto, a presença de variedades de genotoxicantes que são relatados na presente investigação e alguns outros relatados em outros trabalhos (Secção 1.3), têm a capacidade de desencadear uma produção de ROS, especialmente ·OH capaz de oxidar purinas de DNA.

Outro interesse iminente da presente investigação foi testar uma hipótese que prevê respostas estatisticamente pertinentes do produto oxidativo do ADN (8-OHdG) em *O.niloticus* expostos a efluentes de curtumes compostos - foi utilizada uma versão modificada do ensaio cometa. Após o processo de lise, as células foram lavadas com tampão contendo FPG, com o objetivo de medir a porção oxidada de um ADN migrado (local sensível ao FPG). O resultado revelou que os efluentes de curtumes compostos são capazes de causar danos oxidativos às purinas do ADN. Em células do fígado e dos rins de *O.niloticus,* foi apresentado um resultado significativamente sólido quando comparado com uma medição padrão de quebras de ADN (medição padronizada do ensaio cometa de danos no ADN no fígado e nos rins); assim, a sensibilidade FPG foi maior e apresentou um incremento dependente da concentração (P < 0,05); além disso, os locais sensíveis FPG foram maiores nas células do fígado do que nas células dos rins. No que diz respeito ao nosso processo de revisão, não existe nenhum relatório que demonstre a oxidação de danos no ADN em espécies de peixes expostas a efluentes de curtumes. No entanto, existem relatórios que demonstram a adequação do ensaio cometa modificado para detetar purinas oxidadas quando os peixes são expostos a contaminantes ambientais. Guilherme *et al.* (2012) demonstraram a aplicação de hepatócitos tratados com FPG para avaliar o stress oxidativo. No seu estudo, um peixe *Anguilla Anguilla* foi exposto a uma concentração ambientalmente realista de herbicida organofosforado à base de glifosato. O ensaio cometa modificado mostrou a ocorrência de locais sensíveis à FPG no fígado apenas após três dias de exposição a uma concentração mais elevada. Outros estudos de igual importância foram também comunicados por Ackha *et al.*, (2003), Winter *et al.*, (2004) e Aniagu *et al.*, (2006). Embora a presente investigação seja diferente na composição do efluente e nas espécies de teste, está de acordo com Guilherme *et al.*, (2012), pelo facto de ter sido medido um aumento significativo dos locais sensíveis de FPG em células hepáticas e renais de *O.niloticus* expostas a CTMs de CTE, apenas em 72 horas. O crómio foi apontado como o principal metal nos efluentes de curtumes que desencadeia uma taxa excessiva de proliferação de ROS, principalmente através da reação mediada por fenton. O potencial tóxico do crómio para órgãos específicos deve-se à sensibilidade diferencial das células do fígado e dos rins, que pode dever-se à expressão diferencial de receptores e componentes celulares que interagem com o metal e com as ERO produzidas pelo metal. Dito isto, outros constituintes que podem ter um papel indispensável na formação de um stress oxidativo nas espécies de ensaio é a presença de outros metais, tais como (Cd, Co, Cr, Cu, Fe, Ni, Pb e Zn). Por exemplo, a concentração de Fe e Cu foi mais elevada do que a dos restantes metais, o que suscita preocupações quanto à integridade genética, uma vez que ambos os metais são intervenientes fundamentais na reação de fenton. Outras preocupações relativas a danos oxidativos nos efluentes de curtumes são a presença de fenóis clorados e nonilfenóis, conhecidos pela sua propensão para criar stress oxidativo. Embora não se tenha tentado analisar qualquer um deles no efluente de teste, relatórios anteriores (Mwinyihija *et al.*, 2010 & Labunska *et al.*, 2011) mostraram que o efluente de curtume é composto por vários compostos orgânicos que têm uma importância toxicológica. Estes compostos são alegadamente utilizados em diferentes fases do processamento do couro. Por exemplo, durante as fases de cura e armazenamento de couros e peles, são utilizados insecticidas e produtos químicos antimofo para evitar a degradação de couros e peles por microorganismos. A maioria destes produtos químicos são fenóis clorados; os predominantes são o 3, 5 diclorofenol (PCB) (Mwinyihija *et al.*, 2010) e o 4-cloro-3-metilfenol (Labunska *et al.*, 2011). Os fenóis clorados, como os fenóis pentaclorados, produzem ROS capazes de oxidar o ADN. Está provado que a via do citocromo P-450 microssómico inicia a oxidação do PCP no fígado para produzir tetraclorohidroquinona (TCHQ). Além disso, o ciclo redox dos metabolitos da TCHQ gera ROS. Como resultado, os danos no ADN resultantes do ataque de ·OH causam oxidação de bases, danos na desoxi-ribose, quebras de cadeia e locais AP (Ben-Zhan Zhu, 2011). Por outro lado, o processo de lavagem e o processo de lavagem utilizam detergentes; o poluente mais persistente e primário identificado nas águas residuais são os compostos de nonilfenol e seus derivados. O derivado mais prevalente é o nonilfenol etoxilado (NPE), um grupo de detergentes iónicos utilizados como surfactantes. Por exemplo, o 4-fenol, um produto químico pertencente à grande família dos compostos alquilfenólicos, consiste num grupo fenólico com uma cauda alquil, que proporciona uma interação hidrofóbica desconhecida com o recetor de estrogénio, criando o alquilfenol para imitar a atividade do grupo fenol do 17β-estradiol. Assim, o processo de ativação metabólica produz compostos ativos de ciclagem redox, causando assim um aumento na produção de ·OH. Potencia ainda mais a formação de 8-OH-dG, aductos, quebras de cadeia, aductos de aldeído. A expressão de uma quantidade significativa de locais sensíveis à FPG demonstrada no presente estudo experimental pode também ser causada por uma ação oxidativa dos compostos orgânicos, que se juntam à contribuição significativa do crómio e de outros metais para a sua causa, podendo assim ter um efeito aditivo. No entanto, isto requer uma investigação mais aprofundada, provavelmente um procedimento de rastreio da toxicidade associado a ensaios de genotoxicidade para avaliar o efeito aparente dos constituintes supostamente presentes nos efluentes de curtumes.

Para além dos danos oxidativos no ADN, um aspeto importante do stress oxidativo é a peroxidação lipídica. Apesar de existirem limitações na aquisição de biomarcadores bioquímicos, como a LP e outros, na presente investigação, para determinar se os efluentes de curtumes causaram ou não peroxidação lipídica, os relatórios anteriores podem ser importantes para fazer esta atribuição à presente investigação. Uma resposta aumentada nos níveis de peroxidação lipídica, SOD, glutationa peroxidase e metalotioneína foi relatada em relatórios anteriores (Velma e Tchounwou; 2010, 2013). A exposição subcrónica de 5% e 10% de 96 hr LC_{50} de Cr (VI) demonstrou um aumento significativo da concentração de LHP no fígado e nos rins na primeira semana e diminuiu gradualmente na semana 4, simultaneamente os danos no ADN também elucidaram um padrão semelhante, implicando que o nível de oxidante diminuiu, enfatizando que as células podem ter recuperado dos danos no ADN através do mecanismo de reparação (Velma e Tchounwou, 2013). Anteriormente, foi observado um relato semelhante, os níveis de SOD, glutationa peroxidase e metalotioneína foram significativamente aumentados durante a exposição inicial de acordo com a proliferação de ROS (Velma e Tchounwou, 2010). Assim, a geração de uma quantidade significativa de locais sensíveis à FPG detectada no presente estudo é um ponto final da proliferação de ROS capazes de oxidar purinas. Aqui, gostaríamos de levar esta incidência a outro nível, ou seja, a peroxidação lipídica e/ou os danos nos fosfolípidos das membranas, pelo facto de terem uma associação indispensável com aberrações celulares e nucleares. Na proliferação excessiva de ROS, a oxidação das biomoléculas é um fenómeno celular inevitável. Mas como é que este processo induz aberrações celulares nas células eucarióticas e/ou especificamente no *O.niloticus* do presente estudo? Dois factos observáveis, nomeadamente a degradação celular e a permeabilidade da membrana celular dirigida pela peroxidação lipídica, podem ser as causas da aberração observada no presente estudo. De acordo com Ateeq *et al.* (2002), a produção excessiva de ROS desencadeia um enorme consumo da molécula de oxigénio necessária para a respiração celular e a produção de energia, conduzindo assim à depressão do ATP, o que leva a uma forma anormal da célula, uma razão inicial para este fenómeno pode ser o desemaranhamento ineficiente das cromátides irmãs durante o processo mitótico. Por conseguinte, a indução de MN e NA apresentada neste relatório pode também ter uma relação inerente com a peroxidação lipídica. Além disso, foi relatado (Velma e Tchounwou, 2013) que o stress oxidativo interfere com os pontos de controlo do ciclo celular e altera o processo de divisão celular. Uma vez que o rim é um órgão formador de sangue, a divisão celular pode ser mais ativa neste tecido, tornando-o mais suscetível ao stress oxidativo do que o fígado.

6.3. Essência do ensaio de genotoxicidade na monitorização dos efluentes de curtumes na Etiópia

O objetivo global da presente investigação foi também avaliar a necessidade de monitorização de efluentes orientada para bioensaios ou de assistência à avaliação dos riscos ambientais. Isto foi atribuído em relação às armadilhas da análise físico-química convencional e às avaliações de toxicidade baseadas na aptidão apical e darwiniana. Assim, foi inicialmente colocada a hipótese de que, no efluente da fábrica de curtumes composto MTC Modjo, a concentração incapaz de causar efeitos adversos ou de atingir objectivos de aptidão apical e darwiniana, os biomarcadores de efeito (MN) e de exposição (danos no ADN) são evidentes. A presente investigação reforçou a ideia de que as normas de poluição e o processo de avaliação dos riscos, que se baseiam numa mera aplicação do processo de monitorização convencional, não são capazes de assinalar os efeitos a nível celular e genómico, que estão latentes mas podem manifestar-se a nível do organismo, uma vez que este não pode ser eliminado do ecossistema, uma vez que o efeito não é letal, mas tem uma possibilidade de transcender a longo prazo para a descendência. Por conseguinte, com base neste argumento e no resultado do presente inquérito, existe uma base mais elevada para examinar as normas de poluição da Etiópia, especialmente as da indústria de curtumes e de transformação do couro. A base de referência é, obviamente, o crómio total, um potencial metal de transição genotóxico. Embora a concentração de crómio representada na presente investigação (Quadro 5.1) possa não violar o limite de descarga, mostrou uma aberração estatisticamente significativa a nível genómico e celular. Isto deixa uma preocupação, a questão da genotoxicidade no ambiente, especialmente em *O.niloticus* e na cadeia alimentar, impedindo consequências irreversíveis a nível genético. Apesar disso, pode-se trazer uma idéia oposta a uma importância toxicológica mencionada anteriormente de Cr (III) no efeito observado, seduzindo o padrão que estabeleceu valor para Cr (VI) em 0,1 mg/L e 1,9 mg/L de Cr (III). Mesmo que a concentração de Cr (VI) não seja medida na presente investigação, é evidente que pode haver uma possível oxidação de Cr (III). Existem relatórios que indicam que muitos factores bióticos e abióticos desencadeiam o ciclo redox entre as duas espécies de crómio nos efluentes de curtumes. Assim, a principal preocupação deve ser a concentração de crómio nos CTM, que é 2-3 vezes inferior ao limite nacional normalizado. Este problema crucial traz de volta a proposição de Hagger, (2006) & Birkholz *et al.,* (2000), que afirma que a total fiabilidade da análise físico-química não traz objetividade ao objetivo desejado da gestão ambiental, sendo antes uma procrastinação de tempo e recursos, porque não pode representar o efeito real expresso, neste caso MN, NA e danos no ADN.

Conclusões

A letalidade é uma resposta evidente nos protocolos ecotoxicológicos. Assim, a presente investigação, desde o início, criticou a noção de se basear numa mera resposta que inculca pontos finais apicais e aptidões darwinianas; em vez disso, foi o bioensaio com efluentes que procurou ser uma técnica imediata para este fenómeno negligenciado no WETT. Assim, o resultado deste estudo foi a outra face deste enunciado, apresentando uma resposta positiva de genotoxicidade em

O.niloticus, medida através do ensaio MN e do ensaio Cometa. O resultado de cada um dos parâmetros medidos na presente investigação demonstrou que, a uma concentração de crómio inferior à limitada pela norma de poluição da Etiópia, se mede uma quantidade percetível de parâmetros de genotoxicidade e citotoxicidade, o que implica que a monitorização convencional dos efluentes não pode, por si só, revelar os efeitos expressos a nível genético e celular. Assim, a hipótese nula de que não seria medida qualquer resposta genotóxica significativa em concentrações incipientes e seguras foi refutada; pelo contrário, os efluentes compostos da fábrica de curtumes de Modjo revelaram uma séria ameaça de ação genotóxica nos eritrócitos periféricos e nas células esfoliadas dos rins, brânquias e fígado de *O.niloticus*.

Especificamente, a presente investigação também formulou outra hipótese que prevê que um dano expresso no ADN seja específico do tecido. Assim, tornou-se evidente que a resposta genotóxica, medida através do ensaio cometa, revelou uma resposta mais elevada em termos de danos no ADN no tecido hepático, seguido das brânquias, dos rins e dos eritrócitos periféricos. Isto proporcionou tecidos alternativos adequados para detetar danos no ADN, uma vez que a ação dos tóxicos é específica dos tecidos. Consequentemente, a presente investigação também detectou um índice mais elevado de danos no ADN no fígado, reforçando que estes órgãos são os principais sítios de genotoxicantes em *O.niloticus* expostos a CTM de CMTE. Além disso, não passa despercebida também a adequação das brânquias, rins e eritrócitos periféricos. A oxidação das purinas do ADN foi também outro biomarcador de exposição medido no presente estudo. Os locais de oxidação medidos através da utilização de uma enzima específica, a FPG, foram detectados uma quantidade significativa de locais sensíveis à FPG através do ensaio cometa. Este resultado levou-nos a concluir que os efluentes de curtumes são compostos por poluentes oxidantes de bases de ADN. Assim, o crómio, que foi detectado nas amostras de CMTE, e outros metais são identificados como possíveis indutores da clivagem oxidativa do ADN, mediando a reação de Fenton; mas não só, também a formação de aductos de ADN, ligações cruzadas principalmente pelo Cr(III), uma vez que é o principal componente da lavagem de resíduos de curtumes.

Foi testada outra hipótese para avaliar a resposta específica dos tecidos no que respeita à indução de MN. Assim, o resultado foi específico para cada tecido; as células branquiais são os tecidos mais sensíveis na deteção do efeito clastogénico e aneugénico dos efluentes de curtumes, seguidas dos rins e dos eritrócitos periféricos. Embora não esteja consistentemente (fortemente) correlacionada através do gradiente de concentração, a indução de NAs foi induzida em eritrócitos periféricos de *O.niloticus*. Os BN são os mais sensíveis, seguidos das anomalias NT, BL e LB, o que implica que as NA podem atuar como um complemento do ensaio MN para detetar respostas clastogénicas e aneugénicas na espécie de peixe *O.niloticus*.

Em geral, a presente investigação confirmou que o CMTE nos seus CTM é genotóxico, o que é demonstrado por aberrações nucleares e celulares. O resultado foi caracterizado por um padrão de resposta de causa e efeito, manifestado como um ponto culminante de MN e NA induzidos que caracteriza apenas as aberrações celulares e nucleares. Além disso, os danos no ADN, medidos através de quebras de cadeia e purinas oxidadas utilizando o ensaio cometa, migraram em direção ao ânodo, o que implica que os efluentes de curtumes são compostos por poluentes que danificam o ADN, formando quebras de cadeia simples ou duplas, ligações cruzadas de ADN ou criando stress oxidativo.

Apesar do facto de o ADN danificado ser reparável, mas poder ser mal reparado ou o processo celular ser impedido de formalizar este processo, o efeito é latente. Embora não tenhamos uma base genuína para nos basearmos na fragmentação do ADN como biomarcador para tirar conclusões sólidas, a ocorrência de aberrações celulares apresentada na presente investigação é uma indicação de um determinado processo celular anormal que foi afetado por metais genotóxicos e compostos orgânicos, provavelmente na fase S do processo mitótico. Assim, com base nesta observação, a indução de MN e de danos no ADN no presente estudo foi observada em efluentes cujos constituintes são inferiores à norma promulgada para garantir a eliminação segura dos efluentes de curtumes, o presente estudo contrapõe que a análise química dos efluentes não pode, por si só, garantir uma eliminação segura. Por conseguinte, é necessário avaliar o efeito em biossentinelas capazes de demonstrar alguns tipos de alterações celulares e bioquímicas; consequentemente, a presente investigação também reforça a proposta de Hagger, (2006) e Birkholz *et al.,* (2000), que observaram que é necessário implementar testes de toxicidade em conformidade com os regulamentos ambientais para o controlo da qualidade das descargas das indústrias para as águas superficiais através de uma avaliação integrada dos riscos de toxicidade.

Recomendação

Este tipo de abordagem experimental exige uma análise robusta que vai desde a caraterização convencional dos efluentes até às técnicas mais recentes que acompanham os estudos de genotoxicidade. No entanto, é de interesse imediato concentrarmo-nos nos frutos mais fáceis.

- Uma das limitações que impedem uma inferência completa sobre o componente principal que desencadeia a resposta genotóxica observada é uma análise físico-química incompleta. Assim, uma das recomendações é a necessidade de uma caraterização pormenorizada das diferentes classes de poluentes orgânicos, especialmente os identificados qualitativa e parcialmente quantitativamente por Luschck, 2011. Ao fazê-lo, não é suficiente identificar os poluentes tal como são, mas o seu efeito aparente e combinado para efeitos genotóxicos específicos e/ou outros efeitos deve ser intensamente censurado. Uma abordagem ideal para este processo seria a utilização de testes de toxicidade de abordagem cansada, as respostas aparentemente genotóxicas, especificamente a causa do problema, podem ser identificadas através da realização de uma avaliação de identificação da toxicidade, que envolve a manipulação física e química da amostra tóxica, seguida de testes de toxicidade com organismos mais sensíveis. O objetivo geral é isolar, identificar e confirmar os agentes causadores da toxicidade (Birkholz et al., 2001).

- Do mesmo modo, é altamente aconselhável verificar a proporção de espécies de crómio (Cr (III) e Cr (VI)) nos efluentes da fábrica de curtumes de Modjo, bem como o seu efeito genotóxico em *O.niloticus*.

- Por outro lado, neste estudo tentou-se analisar apenas a resposta dependente da concentração da genotoxicidade na MTC. No entanto, a indução de MN e de danos no ADN são fenómenos dependentes do tempo, pelo que se recomenda a realização de estudos baseados no tempo.

- Além disso, outras espécies de peixes que têm a mesma importância que *O.niloticus* no que diz respeito à sua importância económica e ecológica também precisam de ser testadas para o seu uso potencial como modelos alternativos de peixes; para mencionar alguns entre outros são a tilápia zilli e a carpa.
- Em geral, é imperativo, no futuro, introduzir técnicas de bioensaio no processo dos programas nacionais de monitorização e redução da poluição da água.

Referências

Adams, S.M., Giesy, J.P., Tremblay, L.A., & Eason, C.T. (2001). The Use of Biomarkers in Ecological Risk Assessment (A utilização de biomarcadores na avaliação dos riscos ecológicos): Recommendations from the Christchurch Conference on Biomarkers in Ecotoxicology (Recomendações da Conferência de Christchurch sobre Biomarcadores em Ecotoxicologia). Biomarkers 6(1): 1-6.

Ahlers, J., Stock, F., & Werschkun, B. (2008). Ensaios integrados e avaliação inteligente - novos desafios no âmbito do REACH. Environmental Science and Pollution Research 15: 565-572.

Ali, D., Nagpure, N. S., Kumar, S., Kumar, R. & Kushwaha, B. (2008). Avaliação da genotoxicidade da exposição aguda de clorpirifos ao peixe de água doce *Channa punctatus* (Bloch) utilizando o ensaio do micronúcleo e a eletroforese alcalina em gel de célula única. Chemosphere, 71: 1823-1831.

Al-Sabti, K.M, & Hardig, J. (1990). Teste de micronúcleos em peixes para monitorizar os efeitos genotóxicos dos resíduos industriais no Mar Báltico, Suécia. Comp. Biochem. Physiol.C97: 179-182.

Al-Sabti, K.M, & Metcalfe, C.D. (1995).Micronúcleos de peixe para avaliar a genotoxicidade na água. Genet Toxicol 343:121-135.

Al-Sabti, K.M., Franko, B., Andrijani, S. K., & Stegnar, P. (1994). Chromium induced micronuclei in fish, J. Appl. Toxicol., 14:333-336.

Aniagu, S. O., Day, N., Chipman, J. K., Taylor, E. W., Butler, P. J. & Winter, M. J. (2006). Dose de exercício exaustivo resulta em stress oxidativo e danos associados no ADN do chub (Leuciscus cephalus)? Environ. Mol. Mutagen. , 47: 616-623.

Arkhipchuk, V.V, Garanko, N.N. (2005). Utilização do biomarcador nucleolar e do teste do micronúcleo em células de barbatana de peixe *in vivo*. Ecotoxicol Environ Safety 62:42-52.

Ateeq, B., Abul farah, M., Niamat, A. M. & Ahmad, W. (2002). Indução de micronúcleos e alterações eritrocitárias no peixe-gato *Clarias batrachus* pelo ácido 2,4-diclorofenoxiacético e butacloro. Mutat. Res., 518: 135-144.

Ayllon, F., & Garcia-Vazquez E. (2000). Indução de micronúcleos e de outras anomalias nucleares em peixinhos europeus Phoxinus phoxinus e em molinésias Poecilia latipinna: uma avaliação do teste do micronúcleo em peixes. Mutation Research467: 177-86.

Ayylon, F., Garcia-Vazquez, G. (2000). Indução de micronúcleos e outras anomalias nucleares em *Phoxinus phoxinus* e *Paecilia latipinna*: uma avaliação do teste do micronúcleo em peixes. Mutat Res 467:177-186.

Barbosa, J.S., Cabral, T.M., Ferreira, D.N., Agnez-Lima, L.F., De Medeiros, S.R.B. (2009). Avaliação da genotoxicidade em ambiente aquático impactado pela presença de metais pesados. Ecotoxicologia e Segurança Ambiental, 73:320-325.

Bartlett, R.J, e James, B. (1979). Comportamento do Cr nos solos: III. Oxidação.J. Environ. Qual. 8(1): 31-35.

Belpaeme, K., Cooremen, K., & Kirsch-Volders, M. (1998). Desenvolvimento e validação do ensaio do cometa alcalino *in vivo* para a deteção de danos genómicos em peixes planos marinhos. Mutat Res (Genet Toxicol Environ Mutag) 415:167-184.

Birkholz, D.A., Headley J.V., Ongley,E.D., & Goudeya, S. (2000). Toxicity Assessment and Remediation of Industrial Wastewater. Canadian Water Resources Journal 25(4): 361-385.

Bolognesi, C., e Hayashi, M. (2011). Ensaio de micronúcleos em animais aquáticos. Mutagenesis, 26: 205-213.

Bond, E.L. (2005). Nonylphenol: O gerador de radicais livres feminizantes. Radicais Livres em Biologia e Medicina, 77:222.

Carrasco, K.R., Tilbury, K.L., e Mayers, M.S. (1990). Assessment of the piscine micronuclei test as an *in situ* biological indicator of chemical contaminants effects (Avaliação do teste de micronúcleos em peixes como indicador biológico *in situ* dos efeitos de contaminantes químicos). Can J Fish Aquat Sci, 47: 2123-2136.

Qavas, T., & Ergene-Gozukara, S. (2005a). Indução de micronúcleos e anomalias nucleares em Oreochromis niloticus após exposição a efluentes de refinaria de petróleo e de fábrica de processamento de crómio. Aquat. Toxicol., 74: 264-271.

Qavas, T., & Ergene-Gozukara, S. (2005b). Teste do micronúcleo em células de peixe: um bioensaio para a monitorização in situ da poluição genotóxica no ambiente marinho. Environ. Mol. Mutagénico, 46: 64-70.

Cavas, T., Ergene-Gozukara, S., (2003). Micronúcleos, lesões nucleares e regiões organizadoras nucleolares coradas com prata (AgNORs) na interfase como indicadores de cito-genotoxicidade em Oreochromis niloticus expostos a efluentes de fábricas têxteis. Mutat. Res. 538: 81-91.

Cavas, T., Garanko, N.N., & Arkhipchuk, V.V., (2005). Indução de micronúcleos e binúcleos em células do sangue, brânquias e fígado de peixes expostos sub-cronicamente a cloreto de cádmio e sulfato de cobre. Food Chem. Toxicol. 43: 569-574.

Cooney, J.D., Testes em água doce. In:Rand, G.M. (ed). *Fundumentals of Aquatic Toxicology, Effects, Environmental Fate and Risk assessment, 2nd edition, Taylor and Francis Ltd, USA,*

COTANCE. (2012).The European Tanning Industry Sustainability Review. Preparado pela COTANCE como uma contribuição para a Cimeira Mundial sobre Desenvolvimento Sustentável.

ligação web
Covino, J.J., e Sugden, K.D. (2008). Genotoxicidade do Cromato, In: Avanços em Toxicologia molecular. Fishbein, J.C. (ed), 2: 1-24.

Da Silva Souza, T., & Fontanetti, C.S. (2006). Teste do micronúcleo e observação de alterações nucleares em eritrócitos de tilápias do Nilo expostas a águas afetadas por efluentes de refinaria. Mutat. Res. 605, 87-93.

David, R.M. (2009). Metabolismo de Xenobióticos e Marcadores de Genotoxicidade em Espécies Testes Ecotoxicológicas Reguladoras de Não-Vertebrados. Tese apresentada à Universidade de Birmingham para obtenção do grau de Doutor em Filosofia.

De Flora, S., Vigano, L., D'Agostini, F., Camoirano, A., Bagnasco, M., Bennicelli, C., Melodia, F., & Arillo, A. (1993). Biomarcadores de genotoxicidade múltipla em peixes expostos in situ a águas fluviais poluídas. Mutat. Res. 319:167-177.

De Zwart, D. (1995). Monitoring water quality in the future, Volume 3: Biomonitoring. Instituto Nacional de Saúde Pública e Proteção Ambiental (RIVM), Bilthoven, Países Baixos.

Fairbairn, D.W., O'Neill, K.L., & Standing, M.D.(1993). Aplicação de microscopia confocal de varrimento a laser à análise de danos no ADN induzidos por H2O2 em células humanas. Scanning 15:136-139.

Fairbairn, D.W., Olive, P.L., & O'Neill, K.L. (1995). O ensaio Cometa: uma revisão abrangente. Mutat Res 339:37-59.

Freshwater FishesofEthiopia (2001). http://ethiopia-stamps.com/wp-content/uploads/20010726-Freshwater-Fishes-of-Ethiopia.pdf.

Hagger, J.A., Jones, M.B., Leonard, P., Owen, R., & Galloway, T.S. (2006). Biomarcadores e Avaliação Integrada dos Riscos Ambientais: Are There More Questions Than Answers? Integrated Environmental Assessment and Management, 2(4):312-329.

Hayashi, M., Ueda, T., Wada, K., Kinae, N., Saotome, K., Tanaka, N., Takai, A., Sasaki, Y.F., Asano, N., Sofuni, T., & Ojima, Y. (1998). Desenvolvimento de sistemas de ensaio de genotoxicidade que utilizam organismos aquáticos. Mutat. Res. 399: 125-133.

Heddle, J.A., Hite,M., Kirkhart, B., Mavourin,K., Mac-Gregor, J.T., Newell, G.W. , & Salamon, M.F. (1983). A indução de micronúcleos como medida de genotoxicidade, MutationRes., 123: 61-118.

Hooftman, R.N., & De Raat, W.K. (1982). Indução de anomalias nucleares e micronúcleos nos eritrócitos do sangue periférico do peixe-lama oriental *Umbra pygmea* por metanossulfonato de etilo. Mutat.Res. 104: 147-152.

Hoshina, M. M., & Marin-Morales M. A. (2010). Avaliação da Genotoxicidade de Efluentes de Refinaria de Petróleo Utilizando o Ensaio Cometa em Oreochromis niloticus (tilápia do Nilo). J. Braz. Soc. Ecotoxicol., 5(1): 75-79.

Huang, D., Zhang, Y., Wang, Y., Xie, Z., Ji, W. (2007).Avaliação da genotoxicidade no sapo *Bufo raddei* exposto a contaminantes petroquímicos na região de Lanzhou, China. Mutation Research, 629: 81- 88.

Hutchinson, T. H., Bogi, C., Winter, M. J., & Owens, J. W. (2009). Benefícios do conceito de dose máxima tolerada (MTD) e concentração máxima tolerada (MTC) em toxicologia aquática.AquaticToxicology,91,197-202.

Jha, A. N. (2004). Estudos genotoxicológicos em organismos aquáticos: uma visão geral. Mutation Research/Fundamental and Molecular Mechanisms of Mutagenesis , 552: 1-17.

Kelly, M. (2008). Análise de danos oxidativos no ADN mediados por metais de transição Reacções de Fenton. Tese apresentada para obtenção do grau de Doutor em Filosofia, Universidade da Cidade de Dublin.

Kilemade, M.F., Hartl, M.G.J., Sheehan, D., Mothersill, C., Van Pelt, F.N.A.M., O' Halloran, J., & O'Brien, N.M. (2004). Genotoxicidade de sedimentos intertidais recolhidos no terreno no porto de Cork, Irlanda, para juvenis de trubot (Scophthalmus maximus L.), medida pelo ensaio cometa. Environ. Mol. Mutat. 44: 56-64.

Kirsch-Volders, M., Sofuni, T., Aardema, M., Albertini, S., Fenech, M., Ishidate Jr., M., Kirchner, S., Lorge, E., Morita, T., Norppa, H., Sur-ralles, J., Vanhauwaert, A., & Wakata, A. (2003). Relatório do grupo de trabalho do ensaio de micronúcleos in vitro. Mutat. Res., 540: 153-163.

Kopjar, N., Mustafic, P., Zanella, D., Buj, I., Caleta, M., Marcic, Z., Milic, M., Dolenec, Z. & MrakovciC, M. (2008). Avaliações da integridade do ADN em eritrócitos de *Cobitis elongate* afectados pela poluição da água: O Estudo do Ensaio do Cometa Alcalino. Folia Zoologica,

57, 120-130.

Labunska,I., Brigden, K., Santillo, D.,& Johnston,P. (2011). Contaminantes de metais pesados e químicos orgânicos em águas residuais descarregadas de curtumes de couro no distrito de Lanus, Buenos Aires, Argentina, abril de 2011. Nota Técnica do Greenpeace Research Laboratories07-2011. http://www.greenpeace.to/greenpeace/wp-content/uploads/2012/03/Argentina- tanneries-Technical-Note-07-2011-final.pdf

Landis, W.G., & Yu. M. (2004). Introduction to environmental toxicology: impacts of chemicals upon ecological systems. New York: CRC Press LLC.

Lee, R. F., & Steinert, S. (2003). Utilização do ensaio de eletroforese em gel de célula única/ensaio cometa para

deteção de danos no ADN em animais aquáticos (marinhos e de água doce). Mutat. Res., 544: 43-64.

Lee, R.F., & Steinert, S. (2003). Utilização do ensaio de eletroforese em gel de célula única/ensaio cometa para deteção de danos no ADN em animais aquáticos (marinhos e de água doce). Mutat. Res., 544: 43-64.

Liney, K.E., Hagger, J.A., Tyler, C.R., Depledge, M.H., Galloway, T.S., Jobling, S., (2006).Health effects in fish of long-term exposure to effluents from wastewater treatment works. Environ. HealthPerspect. 114 (Suppl. 1): 81-89.

Livingstone,D R. (2003).0 stress oxidativo em organismos aquáticos em relação à poluição e à agricultura. Revue de Medical Veterinary 154: 427-430.

Luschak , 0.V., Kubrak, 0.1., N ykorak , M.Z., S torey, K.B., & Luschak , V.I. (2008). O efeito do dicromato de potássio nos processos de radicais livres em peixes dourados: possível papel protetor da glutationa. Aquatic Toxicology. 2011(87): 108-114.

Mahboob, S. (2013). Poluição ambiental de metais pesados como causa de stress oxidativo em peixes: areview. Life Science Journal 2013, 10(10s): 336-347.

Manna, G.K., Sadhukhan, A. (1986). Utilização de células das brânquias e dos rins da tilápia no teste do micronúcleo (MNT). Curr. Sci., 55: 498-501.

Matsumoto, S.T, Mantovani, M.S, Rigonato, J., Marin-Morales, M.A. (2005). Avaliação do potencial genotóxico devido à ação de um efluente contaminado com cromo, pelo ensaio cometa em culturas cho-k1. Cariologia, 58:40-46.

Matsumoto, S.T., Marin-Morales, M.A. (2004). Potencial mutagénico da água de um rio que recebe efluentes de curtumes, utilizando o sistema de teste *Allium* cepa. Cytologia, 69:399-408.

Matsumoto, T.S., Mantovani, S.M., Malaguttii, A.I.M., Dias, L.A., Fonseca, C.I., Marin-Morales, A.M. (2006). Genotoxicidade e mutagenicidade da água contaminada com efluentes de curtumes, avaliada pelo teste do micronúcleo e ensaio cometa no peixe *Oreochromis niloticus* e aberrações cromossómicas em pontas de raiz de cebola. *Genetics and Molecular Biology*, 29(1): 148-158.

McNeill, L.S., Mclean, J.E., Parks, J.L., & Edwards, M.A. (2012). Revisão do crómio hexavalente, parte 2: Química, ocorrência e tratamento. American Water Works Association 104(92):395-404.

Methods for Measuring the Acute Toxicity of Effluents and Receiving Waters to Freshwater and Marine Organisms (Métodos de medição da toxicidade aguda de efluentes e águas receptoras para organismos de água doce e marinhos) Quinta edição, outubro de 2002.

Mitchelmore, C.L., Chipman, J.K., (1998). Quebra de cadeias de ADN em organismos aquáticos e o valor potencial do ensaio cometa na monitorização ambiental. Mutat Res (Fundam Mol Mech Mutat) 399: 135-147.

Moore, M. N., Depledge, M. N., Readman, J. W. e Leonard, D. R. P. (2004). Uma estratégia integrada baseada em biomarcadores para a avaliação ecotoxicológica do risco na gestão ambiental. Mutat. Res. , 552:247-268.

Mwinyihija,M. (2010). Ecotoxicological Diagnosis in the tanning Industry, Springer Publisher (Nova

Iorque, EUA).

Nepomuceno, J.C., Ferrari, I., Spano', M.A., & Centeno, A.J., (1997). Deteção de micronúcleos em eritrócitos periféricos de *Cyprinus carpio* expostos a mercúrio metálico. Environ. Mol. Mutagen. 30: 293-297.

Obiakor, M.O., Okonkwo, J.C., Nnabude, P.C. & Ezeonyejiaku, C.D. (2012). Eco - Genotoxicologia: Ensaio de micronúcleos em eritrócitos de peixe como biomarcador de poluição aquática *in situ*: A Review. Journal of Animal Science Advances, 2: 123-133.

Odeigah, C., & Osanyipeju, O., (1995). Efeitos genotóxicos de dois efluentes industriais e do etilmetano sulfonato em *Clarias Lazera*. Food and Chem. Toxicolo, 33:501-505.

OCDE (1992). Linha de orientação para o ensaio de produtos químicos: Teste de toxicidade aguda em peixes. Organização para a Cooperação e Desenvolvimento Económico, Paris, França.

Olive, P.L., Banath, J.P., & Durand, R.E. (1990b). Heterogeneity in radiation-induced DNA damage and repair in tumor and normal cells using the "comet" assay. Radiat Res 122:86 -94.

Oliveira-Martins, C.R., & Grisolia, C.K. (2009). Toxicidade e genotoxicidade de águas residuais de postos de gasolina. Genética e Biologia Molecular, 32 (4): 853-856.

Osman, A., A. Abd El Reheem, K. AbuelFadl, & A. GadEl-Rab. (2010a). Biomarcadores enzimáticos e histopatológicos como indicadores de poluição aquática em peixes. Natural Science2: 1302-1311.

Osman, A.G., Abd El Reheema, A.M., Moustafa, M.A., Mahmoud, U.M., Abuel-Fadld, K. Y. & Kloas, W. (2011). Avaliação In Situ do Potencial Genotóxico do Rio Nilo: I. Testes de Micronúcleo e de Lesão Nuclear de Eritrócitos de *Oreochromis niloticus niloticus* (Linnaeus, 1758) e *Clarias gariepinus* (Burchell, 1822). Toxicological and Environmental Chemistry, 93: 1002 -1017.

Ostling, O., & Johanson, K. J. (1984) Estudo microelectroforético de danos ao DNA induzidos por radiação em células individuais de mamíferos. Biochem. Biophys. Res. Commun. ,123:291-

298.

Pandey, S., Nagpure, N.S., Kumar, R., Sharma, S., Srivastava, S.K., & Verma, M.S., 2006. Avaliação da genotoxicidade de doses agudas de endossulfão no teleósteo de água doce *Channa punctatus* (Bloch) por eletroforese alcalina em gel de célula única. Ecotox. Environ. Saf. 65: 56-61.

Pandrangi, R., Petras, M., Ralph, S., Vrzoc, M. (1995). Ensaio alcalino de gel de célula única (Comet) e monitorização da genotoxicidade utilizando cabeças de touro e carpas. Environ. Mol. Mutagénico. 26: 345-356.

Power, E.A., & Boumphrey, R.S. (2004). Tendências internacionais na utilização de bioensaios para a gestão de efluentes Ecotoxicologia 13: 377-398.

Powers, D.A. (1989).Fish as model systems. Science, 246: 352-358.

Rabello-Gay, M.N. (1991). Teste do micronucleo em medula ossea. In: Mutagenese, Teratogenese e Carcinogenese: Metodos e Criterios de Avaliaqao, Sociedade Brasileira de Genetica (ed). Pp. 83-90.

Rajaguru, P., Suba, S., Palanivel, M. & Kalaiselvi, K. (2003). Genotoxicidade de um sistema fluvial poluído medida através do ensaio do cometa alcalino em tecidos de peixes e minhocas. Environmental and Molecular Mutagenesis, 91:85-91.

Rojas, E., Lopez, M.C., Valverde, M. (1999). Single cell gel electrophoresis assay: methodology and applications. J Chromat B., 722: 225-254.

Sahu, K.R., Katiyar, S., Yadav, A.K., Kumar,N., & Srivastava, J. (2008). Toxicidade Avaliação de efluentes industriais através de bioensaios. Limpo 36(5-6): 517 - 520.

Schmid, W. (1976). O teste do micronúcleo para análise citogenética, em: A. Hollender (Ed.), Chemical Mutagens, Vol. 4, Plenum, Nova Iorque, pp. 31-53.

Schmidt, W. (1975). O teste do micronúcleo. Mutat. Res., 31: 9-15.

Seriani, R., Abessa, D.M.S., Kirschbaum, A.A., Pereira, C.D.S. Ranzani-Paiva, M.J.T., Assuncao, A., Silveira, F.L., Romano, P., & Muccl, J.L.n. (2012).Biomarcadores de toxicidade hídrica e citogenotoxicidade no peixe Oreochromis niloticus (Cichlidae). J. Braz. Soc. Ecotoxicol., 7(2): 67-72.

Sevikova, M., Modra, H., Slaninova, Z., Svobodova, S. (2011).Metais como causa de stress oxidativo em peixes. Medicina Veterinária, 56: 537-546.

Seyoum, L., Assefa, F., Gumaelius, L., Dalhammar, G. (2004). Remoção biológica de azoto e matéria orgânica de águas residuais de curtumes em operações de instalações piloto na Etiópia. Applied Microbiol. Biotechnol. 66:333-339.

Shimizu, N., Itoh, N., Utiyama, H., & Wahl,G.M.(1998) . Aprisionamento seletivo de ADN amplificado extra-cromo-somalmente por brotamento nuclear e micronucleação durante a fase S.Journal of Cell Biology 140: 1307-20.

Shugart, L., & Theodorakis, C. (1998). Novas tendências na monitorização biológica: aplicação de biomarcadores à ecotoxicologia genética. Bioterapia 11: 119-127.

Shugart, L.R., Environmental Genotoxicology. In:Rand, G.M. (ed). *Fundumentals of Aquatic Toxicology, Effects, Environmental Fate and Risk assessment, 2nd edition, Taylor and Francis Ltd, USA,*

Sivachandran, R., Mazher Sultana, Saravanan, R., & Malathy, S. (2014). Danos ao DNA induzidos por efluentes de curtume em tecidos hepáticos e testiculares de peixes de água doce *Channa Striatus*. Jornal Asiático de Ciência e Tecnologia, 5(7): 427-430

Sprague, J. B. (1971). Medição da Toxicidade de Poluentes para Peixes-III, Efeitos Sub letais e concentrações "seguras". Water Research, 5:245-266.

Sreeram, K.J., Ramasami, T. (2003). Manutenção do processo de curtimento através da conservação, recuperação e melhor utilização do crómio. Resourc. Conserv. Recycling, 38: 185212.

Stohs, S.J, & Bagchi, D. (1995). Mecanismos oxidativos na toxicidade dos iões metálicos. Free Radical Bioogical Medicine, 2:321-336.

Sumathi, M., Kalaiselvi, K., Palanivel, M., & Rajaguru, P. (2001). Genotoxicidade de efluentes de corantes têxteis em peixes (*Cyprinus carpio*) medida usando o ensaio cometa, Bull. Environ.

Contam.Toxicol. 66 : 407-414.

Taju, G., Abdul Majeed, S., Nambi,, K.S.N., Sarath Babu, V., Vimal, S.,. Kamatchiammal, S., & Sahul Hameed, A.S. (2012). Comparação de ensaios de toxicidade aguda in vitro e in vivo em *Etroplus suratensis* (Bloch, 1790) e suas três linhas celulares em relação ao efluente de curtume. Chemosphere, 87: 55-61.

Tice, R. R., Agurell, E., Anderson, D. et al. (2000). Ensaio de gel/comet de célula única: diretrizes para testes de toxicologia genética in vitro e in vivo. Environ. Mol. Mutagénico. , 35:206-221.

Tice, R.R., Andrews, P.W., Hirai, O., &Singh, N.P., (1991). O ensaio de gel de célula única (SCG): uma técnica electroforética para a deteção de danos no ADN em células individuais. In: Witmer, C.R., Snyder, R.R., Jollow, D.J., Kalf GF., Kocsis, J.J., Sipes, I.G, editores. Intermediários biológicos reactivos IV. Molecular and cellular effects and their impact on human health. New York: Plenum Press. pp 157-164.

Valko, M., Morris, H., Cronin, MT. (2005). Metais, toxicidade e stress oxidativo. Current Medical Chemistry, 12:1161-1208.

Vander Cost, R., Beyer,J., & Vermeulen, N.P.E. (2003). Bioacumulação em peixes e biomarcadores na avaliação de riscos ambientais: A review. Environ Toxicol Pharmacol 13:57 -149.

Walia, G. K., Handa, D., Kaur H., & Kalotra, R. (2013). Anormalidades eritrocitárias em um peixe de água doce, *Labeo rohita* exposto ao efluente da indústria de curtume. International Journal ofPharmacy and Biological Sciences, 3(1): 287-295.

Walker, C.H. (2006). Ecotoxicity Testing of Chemicals with Particular Reference to Pesticides (Ensaios de Ecotoxicidade de Produtos Químicos com Referência Particular a Pesticidas). Pest Management Science, 62, 571-583.

Williams, R. C., & Metcalfe, C. D. (1992) Development of an *in vivo* hepatic micronucleus assay with rainbow trout. Aquat. Toxicol., 23:193-202.

Williams, R.C., Metcalfe, C.D. (1992). Desenvolvimento de um ensaio de micronúcleos hepáticos *in vivo* com truta arco-íris. Aquat. Toxicol. 23:193-202.

Winter, M. J., Day, N., Hayes, R. A., Taylor, E. W., Butler, P. J. & Chipman, J. K. (2004). Quebras de cadeias de ADN e aductos em chubos selvagens e enjaulados (Leuciscus cephalus) expostos a rios com qualidade de água variável em Birmingham, Reino Unido. Mutat. Res., 552: 163-175.

Wionczyk, B., Apostoluk, W., Charewicz, W.A. (2006). Extração por solvente de Crómio(III) de licores de curtume usados com Aliquat 336. Journal of Hydrometallurgy 82(1-2), 83-92.

Zhu, B., Fan, R., Mao, Li., Vias dependentes de metal da toxicidade do fenol clorado/quinona. (2011).Avanços em Toxicologia Molecular, 5: 1-43.

Printed by Books on Demand GmbH, Norderstedt / Germany